Mit „**BestMasters**" zeichnet Springer die besten Masterarbeiten aus, die an renommierten Hochschulen in Deutschland, Österreich und der Schweiz entstanden sind. Die mit Höchstnote ausgezeichneten Arbeiten wurden durch Gutachter zur Veröffentlichung empfohlen und behandeln aktuelle Themen aus unterschiedlichen Fachgebieten der Naturwissenschaften, Psychologie, Technik und Wirtschaftswissenschaften. Die Reihe wendet sich an Praktiker und Wissenschaftler gleichermaßen und soll insbesondere auch Nachwuchswissenschaftlern Orientierung geben.

Springer awards **"BestMasters"** to the best master's theses which have been completed at renowned Universities in Germany, Austria, and Switzerland. The studies received highest marks and were recommended for publication by supervisors. They address current issues from various fields of research in natural sciences, psychology, technology, and economics. The series addresses practitioners as well as scientists and, in particular, offers guidance for early stage researchers.

Weitere Bände in der Reihe https://link.springer.com/bookseries/13198

Johannes Schaeffer

SU(n), Darstellungstheorie und deren Anwendung im Quarkmodell

Eine Analyse aus mathematischer und physikalischer Perspektive

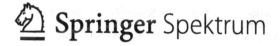 Springer Spektrum

Johannes Schaeffer
Mainz, Deutschland

ISSN 2625-3577 ISSN 2625-3615 (electronic)
BestMasters
ISBN 978-3-658-36072-6 ISBN 978-3-658-36073-3 (eBook)
https://doi.org/10.1007/978-3-658-36073-3

Die Deutsche Nationalbibliothek verzeichnet diese Publikation in der Deutschen Nationalbibliografie; detaillierte bibliografische Daten sind im Internet über http://dnb.d-nb.de abrufbar.

Planung/Lektorat: Marija Kojic
Springer Spektrum ist ein Imprint der eingetragenen Gesellschaft Springer Fachmedien Wiesbaden GmbH und ist ein Teil von Springer Nature.
Die Anschrift der Gesellschaft ist: Abraham-Lincoln-Str. 46, 65189 Wiesbaden, Germany

Danksagung

Ich möchte mich an dieser Stelle zunächst bei Prof. Dr. Stefan Scherer bedanken, der es mir ermöglicht hat, im Rahmen dieser Masterarbeit einen mathematischen Teil mit einem physikalischen Teil zu kombinieren. Hierbei war die Themenstellung sehr interessant, sodass die Entwicklung dieser Arbeit mit viel Freude verbunden war. Meinen besonderen Dank spreche ich aber für die großzügige Zeit aus, die sich Herr Scherer für mich genommen hat. Die vielen Treffen und Gespräche haben mir sehr geholfen, die für mich neue Thematik immer besser zu verstehen.

Auch bei Dr. Margarita Kraus möchte ich mich bedanken, die sich dazu bereit erklärt hat, den mathematischen Teil dieser Arbeit zu betreuen. Sie hat mich hierin maßgeblich unterstützt und hatte auf meine Fragen immer einen passenden Tipp oder eine gute Literaturquelle parat.

Zu guter Letzt danke ich meinen Mitbewohnerinnen und Mitbewohnern, die mich während der kompletten Zeit immer unterstützt und motiviert haben. Dank ihnen habe ich auch die schwierigen Phasen der vergangenen sechs Monate erfolgreich bewältigen können.

Inhaltsverzeichnis

Abbildungsverzeichnis

Tabellenverzeichnis

Einleitung

1

> *„Nur scheinbar hat ein Ding eine Farbe, nur scheinbar ist es süß oder bitter; in Wirklichkeit gibt es nur Atome und leeren Raum."*
>
> – Demokrit, *Fragment 125*

Im obigen Zitat führt der griechische Philosoph Demokrit[1] die Eigenschaften von Objekten, wie Farbe und Geschmack, auf deren Zusammensetzung aus Atomen zurück. Dies war zu der damaligen Zeit natürlich ein rein hypothetisches Konzept und niemand wusste, ob diese elementaren Bausteine existieren und falls ja, welche Eigenschaften sie haben. Im Laufe der Zeit widmeten sich viele Naturwissenschaftler der Suche nach Antworten auf eben diese Fragen. In den 1960er Jahren gelang Murray Gell-Mann[2], Juval Ne'eman[3] und Georg Zweig[4] ein Meilenstein in der Geschichte der Suche nach Elementarteilchen. Zunächst entdeckten Gell-Mann und Ne'emann unabhängig voneinander eine innere Symmetrie der Hadronen mit Hilfe der Gruppe $SU(3)$, nach der diese in sogenannten Multipletts vorkommen [Gel61, Ne'61, GN64]. Auf dieser Grundlage postulierten wenige Jahre später Gell-Mann und Zweig unabhängig voneinander die Existenz von Quarks (Zweig nannte diese Asse), als Subbausteine der Hadronen [Gel64, Zwe64]. Das Ziel dieser Arbeit ist es, mathematisch fundiert anschaulich zu erklären, wie sich unter der Annahme von drei verschiedenen Quarktypen, welche einer $SU(3)$-Symmetrie genügen, die experimentell bekannten Hadronenmultipletts auf natürliche Weise ergeben.

---

[1] [≈460 v. Chr. – 370 v. Chr.]

[2] US-amerikanischer Physiker [1929–2019]

[3] Israelischer Physiker [1925–2006]

[4] US-amerikanischer Physiker [1937]

© Der/die Autor(en), exklusiv lizenziert durch Springer Fachmedien Wiesbaden GmbH, ein Teil von Springer Nature 2022
J. Schaeffer, *SU(n), Darstellungstheorie und deren Anwendung im Quarkmodell*, BestMasters, https://doi.org/10.1007/978-3-658-36073-3_1

Zu diesem Zweck ist die Arbeit in zwei Teile gegliedert, einen mathematischen Teil, in welchem die zugrunde liegende Mathematik erarbeitet wird und einen physikalischen Teil, in welchem diese im Rahmen des Quarkmodells Anwendung findet. Wir beginnen im ersten Teil in Kapitel 2, indem wir zunächst einige fundamentale Definitionen der Gruppentheorie betrachten. Im Anschluss widmen wir uns sogenannten Lie-Gruppen, von welchen insbesondere die Gruppe $SU(n)$ eine für uns wichtige Rolle bei der Beschreibung von Symmetrien subatomarer Teilchen spielt. Wir zeigen, dass wir zu jeder Lie-Gruppe eine zugehörige Lie-Algebra finden, welche uns durch ihre simplere Struktur ein wichtiges Werkzeug bietet, um Lie-Gruppen zu studieren. Mit Hilfe der Exponentialfunktion werden wir hierbei Elemente der Lie-Gruppe durch Elemente der Lie-Algebra ausdrücken können. Im folgenden Kapitel 3 lernen wir Darstellungen als Realisierungen der abstrakten Lie-Gruppen kennen. Besonders wichtig für die weitere Arbeit sind hierbei die irreduziblen Darstellungen. Eine zentrale Aussage wird sein, dass wir eine Darstellung einer kompakten Gruppe (zu welchen die Gruppe $SU(n)$ gehört) auf einem unitären Vektorraum immer in eine Summe irreduzibler Darstellungen zerlegen können. In Kapitel 4 widmen wir uns der Symmetrischen Gruppe. Mit Hilfe von Young-Diagrammen werden wir die irreduziblen Darstellungen dieser Gruppe konstruieren. Diese ermöglichen es uns schließlich, mit Hilfe von Young-Operatoren Produktdarstellungen der Gruppe $SU(3)$ in eine Summe irreduzibler Darstellungen zu zerlegen. Hierbei werden Symmetrieeigenschaften bezüglich der Vertauschung von Indizes eine wichtige Rolle spielen, welche sich im Physikteil durch Symmetrieeigenschaften bezüglich der Vertauschung von Quarks äußern werden.

Im zweiten Teil wird in Kapitel 5 zunächst die geschichtliche Entwicklung der Teilchenphysik bis zum Postulat der Quarks durch Gell-Mann und Zweig skizziert. Im Anschluss wird ein grober überblick über das Quarkmodell gegeben, welcher als Grundlage für die folgenden Kapitel notwendig ist. Im folgenden Kapitel 6 wird die Gruppe $SU(2)$ als Symmetriegruppe des Spins der Quarks genauer betrachtet. Mit Hilfe der irreduziblen Darstellungen werden die Spinzustände von Baryonen explizit konstruiert und bezüglich Symmetrieeigenschaften klassifiziert. Als mathematisches Äquivalent wird am Ende des Kapitels noch kurz auf den Isospin eingegangen. In Kapitel 7 wird die Gruppe $SU(3)$ als Symmetriegruppe des Quark-Flavours diskutiert. Die Darstellungen der Produktzustände von Mesonen und Baryonen werden graphisch konstruiert und mit den zuvor diskutierten $SU(3)$-Multipletts in eine direkte Summe irreduzibler Darstellungen zerlegt. Indem ein besonderes Augenmerk auf die Symmetrieeigenschaften der Baryonenmultipletts gelegt wird, wird eine Verbindung zu Kapitel 4 des ersten Teils hergestellt. Im Anschluss wird die Gruppe $SU(3)$ noch kurz als passende Symmetriegruppe der Farbfreiheitsgrade der Quarks diskutiert. In Kapitel 8 wird die $SU(2)$-Spin- und die SU(3)-Flavoursymmetrie in einer gemeinsamen SU(6)-Symmetrie vereint. Mit dieser können nun schließlich die experimentell gefundenen Hadronenmultipletts identifiziert werden. Auf Grundlage der Ergebnisse der vorherigen Kapitel werden in Kapitel 9 zunächst beispielhaft die Ladung und das magnetische Moment des Protons im Quarkmodell berechnet und mit experimentellen Befunden verglichen. Im Anschluss wird das nichtrelativistische Quarkmodell diskutiert, welches auch angeregte Zustände der Baryonen berücksichtigt. Als Ausblick wird kurz betrachtet, dass es sinnvoll ist, auch relativistische Effekte zu berücksichtigen. Auf entsprechende Modelle wird mit zugehöriger Literatur verwiesen. Zuletzt wird in Kapitel 10 ein kurzes Resümee gezogen. Die wichtigsten Punkte der Arbeit werden kurz zusammengefasst und reflektiert.

Zum Verständnis der Arbeit werden Grundkenntnisse der Mathematik und der theoretischen Physik, insbesondere der theoretischen Quantenmechanik, vorausgesetzt. Die Arbeit richtet sich in erster Linie an Lehramtsstudierende und Lehrende der Fächer Mathematik und Physik, welche sich einen Einblick in die Thematik verschaffen wollen. Aufgrund des begrenzten Umfangs der Arbeit werden manche Gedankengänge nur skizziert mit dem Verweis auf entsprechende Literatur. Zuletzt sei noch gesagt, dass sich die Darstellung des zweiten Teils dieser Arbeit an [Sch16] orientiert. Dies wird entsprechend nicht jedes Mal explizit gekennzeichnet.

Teil I
Lie-Gruppen und Darstellungstheorie

Lie-Gruppen und Lie-Algebren

2

In diesem Kapitel wollen wir uns zunächst mit dem Konzept der *Lie-Gruppe* und ihrer zugehörigen *Lie-Algebra* vertraut machen. Der Fokus wird hierbei auf *Matrixgruppen* liegen, von welchen insbesondere die *unitären Gruppen* eine wichtige Rolle bei der Beschreibung von Symmetrien subatomarer Teilchen spielen.

2.1 Vorbereitungen

Bevor wir *Matrixgruppen* definieren und uns einige Beispiele anschauen, muss zunächst erläutert werden, was wir unter einer Gruppe verstehen.

Definition 2.1.1. ([Jan14], S. 7; [Küh11], S. 6)
Eine *Gruppe G* ist eine nichtleere Menge G versehen mit einer Verknüpfung $\circ$: $G \times G \rightarrow G$, sodass gilt:

(1) Die Verknüpfung $\circ$ ist *assoziativ*.
(2) Es gibt ein Element $e \in G$, sodass $e \circ g = g \circ e = g$ für alle $g \in G$.
(3) Zu jedem $g \in G$ gibt es ein $g^{-1} \in G$, sodass $g^{-1} \circ g = g \circ g^{-1} = e$ gilt.

Eine Gruppe heißt *kommutativ* oder *abelsch*, wenn zusätzlich gilt:

(4) $g_1 \circ g_2 = g_2 \circ g_1$ für alle $g_1, g_2 \in G$.

Einfache Beispiele für abelsche Gruppen stellen die Zahlenbereiche $\mathbb{Z}, \mathbb{Q}$, $\mathbb{R}$ und $\mathbb{C}$ versehen mit der Addition als Verknüpfung dar. Ein Beispiel für eine nicht-kommutative Gruppe ist die sogenannte *symmetrische Gruppe S_n*. Diese ist für uns später bei der Beschreibung von Zuständen interessant, die aus n identischen

© Der/die Autor(en), exklusiv lizenziert durch Springer Fachmedien Wiesbaden GmbH, ein Teil von Springer Nature 2022
J. Schaeffer, *SU(n), Darstellungstheorie und deren Anwendung im Quarkmodell*, BestMasters, https://doi.org/10.1007/978-3-658-36073-3_2

Teilchen zusammengesetzt sind. Um diese beschreiben zu können, benötigen wir zunächst noch die Definition einer *Permutation*.

Definition 2.1.2.
Eine *Permutation* einer endlichen Menge M ist eine bijektive Abbildung $M \to M$.

Bemerkung 2.1.3.
Die Menge S_M aller Permutationen der Menge M bildet bezüglich Hintereinanderausführung eine Gruppe, die sogenannte *symmetrische Gruppe*. Ist $M = \{1, \ldots, n\}$, so schreiben wir S_n anstelle von S_M. Eine Permutation $\sigma \in S_n$ lässt sich hierbei als zweizeilige Matrix schreiben:

$$\sigma = \begin{pmatrix} 1 & 2 & \cdots & n \\ \sigma(1) & \sigma(2) & \cdots & \sigma(n) \end{pmatrix}.$$

Salopp gesprochen vertauschen Permutationen also einfach die Elemente einer Menge.

In der Physik finden Gruppen durch ihre Wirkung auf Elemente eines physikalischen Modells Anwendung. Diese Elemente können sowohl materielle Objekte sein, wie zum Beispiel Elementarteilchen oder Atome, als auch abstrakte Größen, wie Felder oder Zustandsvektoren in einem Hilbert-Raum [Wip19]. Dies führt zur Definition der *Gruppenwirkung*, beziehungsweise *Gruppenoperation*.

Definition 2.1.4. ([Küh11], S. 6–7)
Eine *Gruppenwirkung von links* oder auch *Gruppenoperation von links* einer Gruppe G auf einer Menge M ist eine Abbildung $\Phi : G \times M \to M$ mit den Eigenschaften

(1) $\Phi(e, x) = x$ für alle $x \in M$,
(2) $\Phi(g, \Phi(h, x)) = \Phi(g \circ h, x)$ für alle $g, h \in G, x \in M$.

Oft schreibt man hierbei einfach $g \cdot x$ statt $\Phi(g, x)$. Analog wird die Gruppenwirkung von rechts als Abbildung $\Phi : M \times G \to M$ definiert.

2.2   Matrixgruppen

Nun wollen wir uns den *Matrixgruppen* widmen. Im Folgenden schreiben wir $\mathbb{K}$, um sowohl auf $\mathbb{R}$ als auch $\mathbb{C}$ zu verweisen, wenn die entsprechenden Definitionen und Sätze für beide Mengen gelten.

Definition 2.2.1.
$M_n(\mathbb{K})$ sei die Menge aller quadratischen $n \times n$-Matrizen mit Einträgen in $\mathbb{K}$.

Da nicht jede $n \times n$-Matrix bezüglich der Matrixmultiplikation als Verknüpfung eine Inverse besitzt, ist $M_n(\mathbb{K})$ keine Gruppe. Wir betrachten deshalb eine wichtige Teilmenge von $M_n(\mathbb{K})$.

Definition 2.2.2. ([Ham17], S. 21)
Die *allgemeine lineare Gruppe* $\mathrm{GL}(n, \mathbb{K})$ vom Grad n über $\mathbb{K}$ ist gegeben durch

$$\mathrm{GL}(n, \mathbb{K}) := \{A \in M_n(\mathbb{K}) \mid A \text{ ist invertierbar}\}.$$

Bemerkung 2.2.3.
Da eine quadratische Matrix genau dann invertierbar ist, wenn ihre Determinante nicht verschwindet, ist

$$\mathrm{GL}(n, \mathbb{K}) := \{A \in M_n(\mathbb{K}) \mid \det A \neq 0\}$$

eine äquivalente Definition. Somit lässt sich mit Hilfe des Determinantenmultiplikationssatzes leicht überprüfen, dass $\mathrm{GL}(n, \mathbb{K})$ zusammen mit der Matrixmultiplikation tatsächlich eine Gruppe ist.

Folgerung 2.2.4. ([Küh11], S. 16)
Wenn wir die Menge aller $n \times n$-Matrizen über $\mathbb{R}$ als den $\mathbb{R}$-Vektorraum $\mathbb{R}^{n^2}$ auffassen, dann ist $\mathrm{GL}(n, \mathbb{R})$ eine offene Teilmenge des $\mathbb{R}^{n^2}$.

Analog können wir komplexe $n \times n$-Matrizen als Elemente des $\mathbb{C}^{n^2} \cong (\mathbb{R}^2)^{n^2} \cong \mathbb{R}^{2n^2}$ auffassen, und entsprechend ist $\mathrm{GL}(n, \mathbb{C})$ eine offene Teilmenge des $\mathbb{C}^{n^2} \cong \mathbb{R}^{2n^2}$.

Beweis. Sei $A \in \mathrm{GL}(n, \mathbb{R})$ eine reelle $n \times n$-Matrix. Die Determinantenfunktion

$$\det A = \det \left((a_{ij})_{i,j}\right) = \sum_{\sigma \in S_n} \mathrm{sgn}(\sigma) a_{1,\sigma(1)} \cdots a_{n,\sigma(n)}$$

ist stetig. Da $A \in \mathrm{GL}(n, \mathbb{R})$, ist per Definition $\det A = c \neq 0$ für ein $c \in \mathbb{R}$. Weiter ist die Menge $\mathbb{R} \setminus \{0\}$ offen in $\mathbb{R}$. Da die Determinantenabbildung stetig ist, ist

$$GL(n, \mathbb{R}) = \det^{-1}(\mathbb{R}\setminus\{0\})$$

offen.   □

Somit trägt die Gruppe $GL(n, \mathbb{K})$ die Teilraumtopologie der Standardtopologie des $\mathbb{R}^m$ für ein m. Insbesondere induziert die Metrik des $\mathbb{R}^m$ eine Metrik in $GL(n, \mathbb{K})$, mit welcher man Konvergenz, Stetigkeit und Differenzierbarkeit beschreiben kann.

Definition 2.2.5. ([Ham17], S. 20)
Eine *Matrixgruppe* ist eine Untergruppe $G \subset GL(n, \mathbb{K})$, welche abgeschlossen im topologischen Raum $GL(n, \mathbb{K})$ ist.

Bemerkung 2.2.6.
Da jede Matrixgruppe $G \subset GL(n, \mathbb{K})$ per Definition topologisch abgeschlossen ist, konvergiert jede konvergente Folge aus G gegen einen Grenzwert $g \in G$. Dies wird später wichtig, wenn wir Matrixgruppen als Mannigfaltigkeiten bzw. Untermannigfaltigkeiten diskutieren.

Wir werden nun einige wichtige Beispiele von Matrixgruppen einführen.

Definition 2.2.7. ([Ham17], S. 24–25; [Küh11], S. 18)
Es sei

- die *spezielle lineare Gruppe*:

$$SL(n, \mathbb{K}) := \{A \in GL(n, \mathbb{K}) \mid \det A = 1\},$$

- die *orthogonale Gruppe*:

$$O(n) := \{A \in GL(n, \mathbb{R}) \mid \langle Av, Aw \rangle = \langle v, w \rangle \quad \forall v, w \in \mathbb{R}^n\}$$
$$= \{A \in GL(n, \mathbb{R}) \mid AA^T = E\},$$

- die *spezielle orthogonale Gruppe*:

$$SO(n) := \{A \in O(n) \mid \det A = 1\},$$

- die *unitäre Gruppe*:

$$U(n) := \{A \in GL(n, \mathbb{C}) \mid \langle Av, Aw \rangle = \langle v, w \rangle \quad \forall v, w \in \mathbb{C}^n\}$$
$$= \{A \in GL(n, \mathbb{C}) \mid AA^\dagger = E\},$$

- die *spezielle unitäre Gruppe*:

$$SU(n) := \{A \in U(n) \mid \det A = 1\}.$$

Lemma 2.2.8.
Bei den oben definierten Mengen handelt es sich tatsächlich um Matrixgruppen.

Beweis. [Ham17], S. 27. $\qquad\square$

Im Fokus dieser Masterarbeit stehen insbesondere die speziellen unitären Gruppen $SU(n)$. So werden wir beispielsweise die Gruppen $SU(2)$ im Zusammenhang mit Spin und $SU(3)$ bei der Beschreibung der Flavoursymmetrie der leichten Quarks wiedersehen.

2.3 Lie-Gruppen

Im Folgenden werden wir nun das Konzept der *Lie-Gruppe*[1] kennenlernen, bei der die Menge der Gruppenelemente zugleich eine differenzierbare Mannigfaltigkeit ist. Die zugehörige *Lie-Algebra* ermöglicht später einen besonders eleganten Umgang mit den Elementen.

Definition 2.3.1. ([Ham17], S. 6–7; [Küh11], S. 114)
Eine *Lie-Gruppe* ist eine Gruppe G, welche gleichzeitig eine endlich-dimensional differenzierbare Mannigfaltigkeit ist, sodass die beiden Abbildungen

$$m : \quad G \times G \longrightarrow G \quad \text{mit} \quad (g, h) \longmapsto g \cdot h$$
$$j : \quad G \longrightarrow G \quad \text{mit} \quad g \longmapsto g^{-1}$$

differenzierbar sind.

---

[1] Der Name geht zurück auf den norwegischen Mathematiker Sophus Lie [1842–1899].

Bevor wir uns ein Beispiel anschauen, wollen wir noch definieren, was wir unter einem *Lie-Gruppen-Homomorphismus* verstehen. Diese Definition wird von Bedeutung sein, wenn wir uns mit *Darstellungen von Lie-Gruppen* beschäftigen.

Definition 2.3.2. ([Ham17], S. 33)
Seien G und H Lie-Gruppen. Eine differenzierbare Abbildung $\varphi : G \to H$, welche gleichzeitig ein Gruppenhomomorphismus ist, also für welche

$$\varphi(g_1 \cdot g_2) = \varphi(g_1) \cdot \varphi(g_2) \quad \forall g_1, g_2 \in G$$

gilt, heißt *Lie-Gruppen-Homomorphismus*.

Bemerkung 2.3.3. ([Sep07], S. 27)
Ein stetiger Homomorphismus zwischen Lie-Gruppen impliziert die Voraussetzung der Differenzierbarkeit und ist somit automatisch ein Lie-Gruppen-Homomorphismus.

Lemma 2.3.4.
Die Gruppe $\mathrm{GL}(n, \mathbb{K})$ *ist eine Lie-Gruppe.*

Beweis. Wir wissen bereits, dass $\mathrm{GL}(n, \mathbb{R}) \subseteq \mathbb{R}^{n^2}$ und $\mathrm{GL}(n, \mathbb{C}) \subseteq \mathbb{R}^{2n^2}$ offene Teilmengen sind. Aufgrund der Gleichung

$$A \cdot B = (a_{ij})_{i,j} \cdot (b_{jk})_{j,k} = \left(\sum_j a_{ij} b_{jk} \right)_{i,k}$$

ist die Matrixmultiplikation als Abbildung von $M_n(\mathbb{K}) \times M_n(\mathbb{K})$ nach $M_n(\mathbb{K})$ differenzierbar. Die Differenzierbarkeit der Inversion $A \mapsto A^{-1}$ als Abbildung von $M_n(\mathbb{K})$ nach $M_n(\mathbb{K})$ folgt mit Hilfe der Cramer'schen Regel[2]

$$A^{-1} = \frac{1}{\det A} \left((-1)^{i+j} \det(A^i_j) \right)_{j,i},$$

wobei A^i_j aus A durch das Streichen der i-ten Zeile und der j-ten Spalte entsteht. [Küh11]   □

---

[2] Aufgrund der Definition von $\mathrm{GL}(n, \mathbb{K})$ gilt stets $\det A \neq 0$. Somit ist die Abbildung der Inversion für alle A differenzierbar.

Da wir für unsere physikalischen Beschreibungen später nur von Matrixgruppen Gebrauch machen werden, können wir anstelle von Mannigfaltigkeiten auch die einfacher zu fassenden Untermannigfaltigkeiten betrachten.

Definition 2.3.5. ([Küh11], S. 88; [Köh19], S. 2)

Eine *k-dimensionale differenzierbare Untermannigfaltigkeit* des $\mathbb{R}^n$ (kurz *Untermannigfaltigkeit*) ist eine Teilmenge $M \subset \mathbb{R}^n$, bei der es für alle $p \in M$ eine offene Umgebung $W \subseteq \mathbb{R}^n$ gibt mit $p \in W$, sowie eine differenzierbare Abbildung $F : W \to \mathbb{R}^{n-k}$ mit $M \cap W = F^{-1}(q)$ für ein $q \in \mathbb{R}^{n-k}$ und surjektiver Ableitung $\mathrm{d}F$ an jedem Punkt $x \in F^{-1}(q)$.

Die obige Definition ist eine spezielle von verschiedenen äquivalenten Definitionen. Folgender Satz liefert uns noch einen weiteren für uns nützlichen Zugang zu Untermannigfaltigkeiten.

Satz 2.3.6. ([Köh19], S. 2)

Sei $M \subset \mathbb{R}^n$ und $k + m = n$, dann sind folgende Aussagen äquivalent:

(1) *M ist eine k-dimensionale Untermannigfaltigkeit.*
(2) *Zu jedem $p \in M$ existieren offene Mengen $U \subset \mathbb{R}^n$ mit $p \in U$ und $V \subset \mathbb{R}^k$ sowie eine differenzierbare Abbildung $\varphi : V \to U$ mit $\varphi(V) = U \cap M$ und Rang $\mathrm{d}\varphi = k$, sodass φ ein Homöomorphismus von V und $U \cap M$ ist.*

Beweis. [Köh19], S. 2–4 □

Bemerkung 2.3.7.

Eine Abbildung φ wie in Satz 2.3.6 (2) nennt man eine *lokale Parametrisierung* von M um p.

Wir widmen uns nun einem einfachen Beispiel:

Beispiel 2.3.8.

Betrachten wir die orthogonale Gruppe $O(n) = \{A \in \mathrm{GL}(n, \mathbb{R}) \mid AA^T = E\}$. Wir wollen prüfen, ob $O(n)$ eine Untermannigfaltigkeit ist. Hierzu betrachten wir die Abbildung

$$F : \mathbb{R}^{n^2} = M_n(\mathbb{R}) \longrightarrow \mathrm{Sym}(n)$$
$$A \longmapsto AA^T,$$

wobei $\mathrm{Sym}(n)$ die Menge aller reellen symmetrischen $n \times n$-Matrizen ist[3]. Aus der Definition von F folgt nun, dass

$$\mathrm{O}(n) = F^{-1}(E)$$

mit der n-dimensionalen Einheitsmatrix E. Das Differential der Abbildung F an der Stelle $A \in \mathrm{O}(n)$ in Richtung $X \in M_n(\mathbb{R})$ ist

$$(\mathrm{d}F)_A(X) = \frac{\mathrm{d}}{\mathrm{d}t}\bigg|_{t=0} F(A + tX)$$
$$= XA^T + AX^T.$$

Sei nun $B \in \mathrm{Sym}(n)$, so wähle

$$X = \frac{1}{2}BA.$$

Dann ist $(D_A F)(X) = B$ und somit ist die Ableitung $\mathrm{d}F$ im Sinne von Definition 2.3.5 surjektiv. Also ist $\mathrm{O}(n)$ eine Untermannigfaltigkeit, wobei die Dimension durch

$$\dim \mathrm{O}(n) = \dim M_n(\mathbb{R}) - \dim \mathrm{Sym}(n)$$
$$= n^2 - \frac{1}{2}n(n+1)$$
$$= \frac{1}{2}n(n-1)$$

gegeben ist. [Ham17]

Auf gleiche Weise lässt sich überprüfen, dass es sich auch bei allen anderen in Definition 2.2.7 angegebenen Matrixgruppen um Lie-Gruppen handelt. Da es sich bei Lie-Gruppen um Mannigfaltigkeiten bzw. Untermannigfaltigkeiten handelt, können wir für sie die Begriffe der *Kompaktheit* und des *Zusammenhangs* definieren. Dies wird später eine wichtige Eigenschaft sein, da manche Sätze nur für *kompakte* bzw. *zusammenhängende* Lie-Gruppen gelten.

---

[3] Für eine Matrix $A \in M_n(\mathbb{R})$ folgt stets, dass AA^T symmetrisch ist, also $AA^T \in \mathrm{Sym}(n)$.

Definition 2.3.9. ([Bak02], S. 12)
Eine Teilmenge $X \subseteq \mathbb{K}^n$ heißt genau dann *kompakt*, wenn sie beschränkt und abgeschlossen ist. Insbesondere nennen wir eine Untergruppe $G \leq \mathrm{GL}(n, \mathbb{K})$ kompakt, wenn sie als Teilmenge von $\mathrm{GL}(n, \mathbb{K})$ kompakt ist.

Bemerkung 2.3.10.
Da Matrixgruppen per Definition abgeschlossen sind, ist eine Matrixgruppe G genau dann kompakt, wenn es ein $c \in \mathbb{R}$ gibt, sodass

$$\|A\| \leq c$$

für alle $A \in G$.

Mit Hilfe dieser Eigenschaft lässt sich leicht zeigen, dass es sich bei den Matrixgruppen aus Definition 2.2.7 nur bei $\mathrm{O}(n)$, $\mathrm{SO}(n)$, $\mathrm{U}(n)$ und $\mathrm{SU}(n)$ um kompakte Gruppen handelt. Die Gruppen $\mathrm{GL}(n, \mathbb{K})$ und $\mathrm{SL}(n, \mathbb{K})$ sind nicht kompakt.

Lemma 2.3.11. ([Bak02], S. 235, 237)
Eine Lie-Gruppe G ist genau dann zusammenhängend, wenn sie wegzusammenhängend ist, das heißt wenn für alle $g_1, g_2 \in G$ eine stetige Abbildung

$$c : [0, 1] \longrightarrow G$$

existiert mit $c(0) = g_1$ und $c(1) = g_2$.

Beweis. [Bak02] S. 236–237 $\qquad\qquad\qquad\qquad\qquad\qquad\qquad$ $\square$

Beispiel 2.3.12.
Wir betrachten wieder die orthogonale Gruppe $\mathrm{O}(n)$. Für jede Matrix $A \in \mathrm{O}(n)$ gilt $AA^T = E$. Für die Determinante folgt deshalb

$$(\det A)^2 = \det A \cdot \det A = \det A \cdot \det A^T = \det AA^T = \det E = 1.$$

Also ist $\det A = \pm 1$. Sei $A_1, A_2 \in \mathrm{O}(n)$ mit $\det A_1 = 1$ und $\det A_2 = -1$. Angenommen es gäbe eine stetige Abbildung

$$c : [0, 1] \longrightarrow \mathrm{O}(n)$$
$$t \longmapsto c(t)$$

mit $c(0) = A_1$ und $c(1) = A_2$, dann wäre auch die Komposition $\det(c(t))$ stetig. Da aber $\det O(n) = \{-1, 1\}$ und $\det A_1 = 1$ und $\det A_2 = -1$, entsteht hier ein Widerspruch. Folglich ist die orthogonale Gruppe $O(n)$ nicht zusammenhängend.

Auf ähnliche Weise lässt sich zeigen, dass auch die Gruppe $GL(n, \mathbb{R})$ nicht zusammenhängend ist. Die Gruppen $GL(n, \mathbb{C})$, $SL(n, \mathbb{K})$, $SO(n)$, $U(n)$ und $SU(n)$ sind hingegen zusammenhängend.

Wir wollen alle diese Gruppen nun etwas genauer untersuchen. Eine besondere Rolle wird hierbei der *Tangentialraum* im Einselement spielen.

Definition 2.3.13. ([Küh11], S. 77)
Es sei G eine Untergruppe von $GL(n, \mathbb{K})$. Wir betrachten differenzierbare Kurven

$$c : (-\varepsilon, \varepsilon) \longrightarrow G$$

mit $c(0) = E$ und $\varepsilon > 0$. Dann ist die Menge aller möglichen Tangentenvektoren $c'(0)$ der *Tangentialraum* $T_E G$ an G im Einselement.

Die Tangentialräume an jeder anderen Matrix $A \in G$ definieren sich analog, sind für uns aber nicht so interessant. Es ist klar, dass ein Tangentenvektor im obigem Fall wieder eine quadratische Matrix ist. Es stellt sich die Frage nach einer zugrundeliegenden Struktur des Tangentialraums. Das folgende Lemma schafft Abhilfe.

Lemma 2.3.14. ([Küh11], S. 77)
Der Tangentialraum im Einselement bildet einen reellen Untervektorraum des Raumes aller $n \times n$-Matrizen.

Beweis. Wir haben uns bereits überlegt, dass die Menge der Tangentenvektoren eine Teilmenge der $n \times n$-Matrizen ist. Wir zeigen also die Abgeschlossenheit bezüglich Summenbildung und Multiplikation mit reellen Skalaren. Seien c_1 und c_2 solche Kurven, dann erfüllen sie die Gleichung

$$\frac{d}{dt}\bigg|_{t=0} (c_1(t) \cdot c_2(t)) = c_1'(0) \cdot c_2(0) + c_1(0) \cdot c_2'(0) = c_1'(0) + c_2'(0).$$

Außerdem gilt für jede solche Kurve c

$$\left.\frac{\mathrm{d}}{\mathrm{d}t}\right|_{t=0} (c(at)) = a \cdot c'(0)$$

für jedes $a \in \mathbb{R}$. $\qquad\qquad\qquad\qquad\qquad\qquad\qquad\qquad\qquad\qquad$ $\square$

Satz 2.3.15.
Sei M eine k-dimensionale Untermannigfaltigkeit, $p \in M$ und F wie in Definition 2.3.5. Dann ist der Tangentialraum $T_p M$ der Kern des Differentials $\mathrm{d}F$ im Punkt p. Insbesondere gilt für den Tangentialraum im Einselement einer Matrixgruppe G

$$T_E G = \mathrm{Kern}(\mathrm{d}F)_E.$$

Beweis. Sei $\varphi : V \to U$ eine lokale Parametrisierung von M um p wie in Satz 2.3.6 (2). Sei weiter $x := \varphi^{-1}(p)$. Wir wollen zeigen, dass $\mathrm{Bild}(\mathrm{d}\varphi)_x \subseteq T_p M \subseteq \mathrm{Kern}(\mathrm{d}F)_E$ gilt. Da

$$\dim \mathrm{Bild}(\mathrm{d}\varphi)_x = k = n - \dim \mathrm{Bild}(\mathrm{d}F)_p = \dim \mathrm{Kern}(\mathrm{d}F)_p,$$

folgt dann sofort $\mathrm{Bild}(\mathrm{d}\varphi)_x = T_p M = \mathrm{Kern}(\mathrm{d}F)_E$.

(1) $\mathrm{Bild}(\mathrm{d}\varphi)_x \subseteq T_p M$:
   Sei $v \in \mathrm{Bild}(\mathrm{d}\varphi)_x$ beliebig. Dann ist $v = (\mathrm{d}\varphi)_x(w)$ für ein $w \in \mathbb{R}^k$. Da V offen ist, gibt es ein $\varepsilon > 0$, sodass die Kurve

$$c : (-\varepsilon, \varepsilon) \longrightarrow M$$
$$t \longmapsto \varphi(x + tw)$$

   differenzierbar ist. Weiter ist $c(0) = \varphi(x) = p$ und $c'(0) = (\mathrm{d}\varphi)_x(w) = v$. Also ist $v \in T_p M$ und somit

$$\mathrm{Bild}(\mathrm{d}\varphi)_x \subseteq T_p M.$$

(2) $T_p M \subseteq \mathrm{Kern}(\mathrm{d}F)_p$:
   Sei $v \in T_p M$ beliebig. Da M eine k-dimensionale Untermannigfaltigkeit ist, gibt es eine offene Umgebung $V \subseteq \mathbb{R}^n$ mit $p \in V$ sowie eine differenzierbare Abbildung $F : V \to \mathbb{R}^{n-k}$ mit $M \cap V = F^{-1}(q)$ für ein $q \in \mathbb{R}^{n-k}$ und

surjektiver Ableitung $\mathrm{d}F$ an jedem Punkt $x \in F^{-1}(q)$. Da $v \in T_p M$, gibt es eine differenzierbare Kurve

$$c : (-\varepsilon, \varepsilon) \longrightarrow M \cap V$$

für ein $\varepsilon > 0$ mit $c(0) = p$ und $c'(0) = v$. Somit ist die Abbildung $(F \circ c) : (-\varepsilon, \varepsilon) \to \mathbb{R}^{n-k}$ konstant. Es folgt

$$(\mathrm{d}F)_p(v) = \frac{\mathrm{d}}{\mathrm{d}t}\bigg|_{t=0} F(c(t)) = 0.$$

Also ist $v \in \mathrm{Kern}(\mathrm{d}F)_p$ und somit

$$T_p M \subseteq \mathrm{Kern}(\mathrm{d}F)_p.$$

$\square$

Da die Ableitung $\mathrm{d}F$ per Definition surjektiv ist, folgt daraus außerdem

$$\dim T_E G = \dim \mathrm{Kern}(\mathrm{d}F)_E = \dim G.$$

Also hat der Tangentialraum im Einselement einer Matrixgruppe G dieselbe Dimension wie die Gruppe selbst. Wir wollen dies anhand eines einfachen Beispiels verdeutlichen.

Beispiel 2.3.16.
Wir betrachten erneut die Gruppe $\mathrm{O}(n)$ und bestimmen den Tangentialraum im Einselement. Hierzu sei die Abbildung F wie in Beispiel 2.3.8, dann ist

$$\begin{aligned}
T_E \mathrm{O}(n) &= \mathrm{Kern}(\mathrm{d}F)_E \\
&= \{X \in M_n(\mathbb{R}) \mid X E^T = -E X^T\} \\
&= \{X \in M_n(\mathbb{R}) \mid X = -X^T\}.
\end{aligned}$$

Somit besteht der Tangentialraum im Einselement der Gruppe $\mathrm{O}(n)$ aus allen Matrizen $X \in M_n(\mathbb{R})$, welche schiefsymmetrisch[4] sind. Der Vektorraum aller reellen schiefsymmetrischen $n \times n$ Matrizen hat hierbei die Dimension

---

[4] Eine Matrix A heißt schiefsymmetrisch wenn $A^T = -A$.

$$1 + 2 + 3 + \cdots + (n-1) = \frac{1}{2}n(n-1),$$

was wiederum der Dimension der O(n) entspricht (siehe Beispiel 2.3.8).

Wir können also jeder Lie-Gruppe einen Vektorraum zuordnen, nämlich den Tangentialraum am Einselement. Wir werden diesen später als zugehörige *Lie-Algebra* einer Lie-Gruppe bezeichnen. Aufgrund der Eigenschaft, dass Vektorräume grundsätzlich einfacher aufgebaut sind als Gruppen, bietet uns die Lie-Algebra ein mächtiges Werkzeug, um Lie-Gruppen zu studieren. Im folgenden Abschnitt werden wir uns nun näher mit dem Begriff der Lie-Algebra auseinandersetzen.

2.4 Lie-Algebren

Wir geben zunächst eine allgemeine Definition für eine Lie-Algebra.

Definition 2.4.1. ([Ham17], S. 36)
Ein Vektorraum V zusammen mit einer Abbildung

$$[\,\cdot\,,\cdot\,] : V \times V \longrightarrow V$$

heißt *Lie-Algebra*, falls gilt:

(1) $[\,\cdot\,,\cdot\,]$ ist bilinear.
(2) $[\,\cdot\,,\cdot\,]$ ist antisymmetrisch:

$$[v,w] = -[w,v] \quad \forall v, w \in V.$$

(3) $[\,\cdot\,,\cdot\,]$ erfüllt die Jacobi-Identität:

$$[u,[v,w]] + [v,[w,u]] + [w,[u,v]] = 0 \quad \forall u, v, w \in V.$$

Die Abbildung $[\,\cdot\,,\cdot\,] : V \times V \to V$ heißt *Lie-Klammer*.

Bevor wir diese Definition anhand von zwei Beispielen etwas veranschaulichen, definieren wir zunächst noch, was wir unter einem *Lie-Algebren-Homomorphismus* verstehen.

Definition 2.4.2. ([Ham17], S. 38)
Seien $(V, [\cdot, \cdot]_V)$ und $(W, [\cdot, \cdot]_W)$ Lie-Algebren. Eine lineare Abbildung $\psi :$
$V \to W$ heißt *Lie-Algebren-Homomorphismus* falls

$$[\psi(x), \psi(y)]_W = \psi([x, y]_V) \quad \forall x, y \in V.$$

Beispiel 2.4.3.
Der Vektorraum der quadratischen Matrizen $M_n(\mathbb{K})$ bildet zusammen mit dem Kommutator von Matrizen

$$[A, B] = AB - BA$$

eine Lie-Algebra.

Beispiel 2.4.4.
Seien J_1, J_2, J_3 hermitesche Operatoren auf einem Hilbert-Raum $\mathcal{H}$ mit der Eigenschaft

$$[J_i, J_j] = i\hbar \sum_{k=1}^{3} \varepsilon_{ijk} J_k,$$

wobei ϵ_{ijk} für das Levi-Civita-Symbol[5] steht und die Abbildung $[\cdot, \cdot]$ dem Kommutator von Operatoren gemäß

$$[J, J'] = JJ' - J'J$$

entspricht. Dann bildet die Drehimpulsalgebra $\left\{ \sum_{i=1}^{3} \xi_i J_i \mid \xi_i \in \mathbb{C} \right\}$ zusammen mit dem Kommutator von Operatoren eine Lie-Algebra.

Um eine Lie-Algebra zu beschreiben, können die sogenannten *Strukturkonstanten* hilfreich sein.

Definition 2.4.5. ([Cor97], S. 142; [Küh11], S. 128)
Sei $(V, [\cdot, \cdot])$ eine Lie-Algebra mit Basis $X_1, \ldots, X_n$. Da $[X_i, X_j] \in V$ für alle
$i, j = 1, \ldots, n$, gibt es Koeffizienten c_{ij}^k, welche durch

---

[5] Es ist $\epsilon_{ijk} = 1$, falls (i, j, k) eine gerade Permutation von $(1, 2, 3)$ ist, $\epsilon_{ijk} = -1$, falls (i, j, k) eine ungerade Permutation von $(1, 2, 3)$ ist und $\epsilon_{ijk} = 0$ sonst. Der Name stammt von dem italienischen Mathematiker Tullio Levi-Civita [1873–1941].

$$[X_i, X_j] = \sum_{k=1}^{n} c_{ij}^k X_k$$

definiert werden. Diese Konstanten c_{ij}^k heißen *Strukturkonstanten* der Lie-Algebra bezüglich der Basis $X_1, \ldots, X_n$.

Wir wollen nun die Lie-Algebra zu einer Lie-Gruppe bestimmen. Hierzu betrachten wir zunächst die Abbildung einer *Linkstranslation*.

Definition 2.4.6. ([Ham17], S. 40)
Es sei G eine Lie-Gruppe. Für jedes $g \in G$ gibt es eine Abbildung

$$L_g : G \longrightarrow G$$
$$h \longmapsto g \cdot h.$$

Diese Abbildung L_g heißt *Linkstranslation*.

Bemerkung 2.4.7.
Die Linkstranslation L_g ist

- surjektiv, denn für beliebiges $h \in G$ ist $L_g(g^{-1}h) = gg^{-1}h = h$;
- injektiv, da $L_g(h_1) = L_g(h_2) \Rightarrow gh_1 = gh_2 \Rightarrow h_1 = h_2$;
- differenzierbar und auch die Umkehrabbildung $(L_g)^{-1} = L_{g^{-1}}$ ist differenzierbar, da G eine Lie-Gruppe ist.

Also ist L_g ein Diffeomorphismus.

Die Abbildung der *Rechtstranslation* wird vollkommen analog definiert und hat entsprechende Eigenschaften.

Bemerkung 2.4.8.
Seien M und N Untermannigfaltigkeiten, $p \in M$ und $f : M \to N$ eine differenzierbare Abbildung, dann ist

$$(\mathrm{d}f)_p : T_pM \longrightarrow T_{f(p)}N$$
$$c'(0) \longmapsto (f \circ c)'(0)$$

eine wohldefinierte Abbildung.

Die Abbildung der Linkstranslation L_g erfüllt die Eigenschaften von f aus obiger Bemerkung. Somit induziert L_g einen Transport von Tangentialvektoren vermöge ihres Differentials

$$(dL_g)_h : T_h G \longrightarrow T_{L_g(h)} G = T_{gh} G$$
$$c'(0) \longmapsto (L_g \circ c)'(0).$$

Da L_g ein Diffeomorphismus ist und somit nicht nur differenzierbar, sondern zudem bijektiv, lässt sich die Abbildung auf Vektorfelder[6] erweitern, sodass wir zu jedem Vektorfeld X auf G durch L_g ein neues Vektorfeld

$$\left((dL_g)_h X\right)_{gh} := (dL_g)_h(X_h)$$

erhalten. Wir interessieren uns hierbei besonders für eine bestimmte Menge an Vektorfeldern.

Definition 2.4.9. ([Küh11], S. 127)
Sei G eine Lie-Gruppe und X ein differenzierbares Vektorfeld auf G, dann heißt X *linksinvariant*, wenn für alle $g, h \in G$

$$(dL_g)_h(X_h) = X_{gh}$$

gilt.

Auf der Menge der differenzierbaren Vektorfelder von G können wir eine Abbildung definieren.

Definition 2.4.10. ([Küh11], S. 129)
Für zwei differenzierbare Vektorfelder X, Y auf einer Lie-Gruppe G ist der *Kommutator* $[X, Y]$ dasjenige Vektorfeld, das als Richtungsableitung auf skalare Funktionen f durch
$$[X, Y](f) = X(Y(f)) - Y(X(f))$$
wirkt.

---

[6] Für eine genaue Definition siehe zum Beispiel [Küh11], S. 126.

Satz 2.4.11. ([Ham17], S. 41)
Die Menge aller linksinvarianten Vektorfelder einer Lie-Gruppe G bildet zusammen mit dem Kommutator $[\cdot,\cdot]$ *von Vektorfeldern eine Lie-Algebra* $L(G) = \mathfrak{g}$. *Wir nennen* $\mathfrak{g}$ *die zugehörige Lie-Algebra zu G.*

Beweis. [Ham17], S. 39, 41. $\qquad\square$

Jetzt haben wir zwar zu jeder Lie-Gruppe eine passende Lie-Algebra, aber diese ist nicht besonders anschaulich und einfach zu bestimmen. Abhilfe hierfür schafft der folgende Satz.

Satz 2.4.12.
Sei $G \leq \mathrm{GL}(n, \mathbb{K})$ *eine Lie-Gruppe mit zugehöriger Lie-Algebra* $\mathfrak{g}$, *dann ist die Abbildung*

$$\varphi : \mathfrak{g} \longrightarrow T_E G$$
$$X \longmapsto X_E$$

ein Vektorraumisomorphismus.

Beweis. Es ist klar, dass φ eine lineare Abbildung definiert. Wir müssen also nur die Bijektivität von φ zeigen.

Wir zeigen zunächst, dass φ injektiv ist. Seien hierzu $X, Y \in \mathfrak{g}$ mit $\varphi(X) = \varphi(Y)$, also $X_E = Y_E$. Dann gilt für jedes $g \in G$

$$(\mathrm{d}L_g)_E(X_E) = (\mathrm{d}L_g)_E(Y_E).$$

Da X und Y linksinvariant sind, folgt hieraus

$$X_g = Y_g.$$

Da $g \in G$ beliebig gewählt war, gilt die Gleichheit für alle g. Folglich ist $X = Y$ und φ somit injektiv.

Zur Überprüfung der Surjektivität wähle $A \in T_E G$ beliebig. Wir definieren uns ein Vektorfeld X, gegeben durch

$$X_g = (\mathrm{d}L_g)_E(A).$$

Wir müssen zunächst noch überprüfen, ob dieses Vektorfeld linksinvariant ist und somit in $\mathfrak{g}$ liegt. Hierzu rechnen wir einfach nach:

$$
\begin{aligned}
(\mathrm{d}L_g)_h(X_h) &= (\mathrm{d}L_g)_h\,((\mathrm{d}L_h)_E(A)) \\
&= (\mathrm{d}L_g \circ L_h)_E(A) \\
&= (\mathrm{d}L_{gh})_E(A) \\
&= X_{gh}.
\end{aligned}
$$

Somit ist X linksinvariant und folglich ist $X \in \mathfrak{g}$. Weiter gilt

$$
X_E = (\mathrm{d}L_E)_E(A) = A.
$$

Also ist φ auch surjektiv und somit ein Isomorphismus.   □

Der Tangentialraum am Einselement $T_E G$ einer Lie-Gruppe entspricht also dem Vektorraum der zugehörigen Lie-Algebra. Aber die Lie-Algebra ist nicht nur als Vektorraum definiert, sondern ist zusätzlich mit der Abbildung der Lie-Klammer ausgestattet. Es wäre also schön, wenn wir den Tangentialraum am Einselement $T_E G$ zusätzlich mit einer Lie-Klammer[7] $[\![\,\cdot\,,\cdot\,]\!]$ versehen könnten, sodass

$$
\left(T_E G,\ [\![\,\cdot\,,\cdot\,]\!]\right) \cong \left(\mathfrak{g},\ [\,\cdot\,,\cdot\,]\right).
$$

Das Gute ist, da φ ein Isomorphismus ist, können wir durch

$$
[\![A, B]\!] := \varphi\left([\varphi^{-1}(A), \varphi^{-1}(B)]\right)
$$

eine entsprechende Lie-Klammer definieren.

Satz 2.4.13. ([Ham17], S. 45)
Die zugehörige Lie-Algebra der allgemeinen linearen Gruppe $\mathrm{GL}(n, \mathbb{K})$ *ist* $\mathfrak{gl}(n, \mathbb{K})$, *wobei die Lie-Klammer auf* $\mathfrak{gl}(n, \mathbb{K})$ *durch den Kommutator von Matrizen*

$$
[A, B] = AB - BA
$$

gegeben ist.

---

[7] Die Symbolik der doppelten Klammer $[\![\,\cdot\,,\cdot\,]\!]$ wird nur verwendet, um zu verdeutlichen, dass sich diese Abbildung von der Lie-Klammer $[\,\cdot\,,\cdot\,]$ aus der Lie-Algebra der linksinvarianten Vektorfelder unterscheidet.

Beweis. [Ham17], S. 45–47 ☐

Die Aussage des obigen Satzes lässt sich für jede Matrixgruppe G übertragen. Nun können wir zu den Matrixgruppen aus Definition 2.2.7 die entsprechenden Lie-Algebren bestimmen. Es ergibt sich Tabelle 2.1.

Tabelle 2.1 Lie-Gruppen mit zugehörigen Lie-Algebren ([Cor97], S. 150)

Lie-Gruppe G	Lie-Algebra $L(G)$
$GL(n, \mathbb{K}) = \{A \in M_n(\mathbb{K}) \mid \det A \neq 0\}$	$\mathfrak{gl}(n, \mathbb{K}) = \{A \in M_n(\mathbb{K})\}$
$SL(n, \mathbb{K}) = \{A \in GL(n, K) \mid \det A = 1\}$	$\mathfrak{sl}(n, \mathbb{K}) = \{A \in M_n(\mathbb{K}) \mid \mathrm{Spur}\, A = 0\}$
$O(n) = \{A \in GL(n, \mathbb{R}) \mid AA^T = E\}$	$\mathfrak{so}(n) = \{A \in M_n(\mathbb{R}) \mid A^T = -A\}$
$SO(n) = \{A \in O(n) \mid \det A = 1\}$	$\mathfrak{so}(n) = \{A \in M_n(\mathbb{R}) \mid A^T = -A\}$
$U(n) = \{A \in GL(n, \mathbb{C}) \mid AA^\dagger = E\}$	$\mathfrak{u}(n) = \{A \in M_n(\mathbb{C}) \mid A^\dagger = -A\}$
$SU(n) = \{A \in U(n) \mid \det A = 1\}$	$\mathfrak{su}(n) = \{A \in \mathfrak{u}(n) \mid \mathrm{Spur}\, A = 0\}$

2.5 Von der Lie-Algebra zur Lie-Gruppe

Wir wissen nun also, wie wir zu einer gegebenen Lie-Gruppe die passende Lie-Algebra bestimmen können. In diesem Abschnitt soll nun untersucht werden, wie man von einer gegebenen Lie-Algebra wiederum Rückschlüsse auf die zu Grunde liegende Lie-Gruppe ziehen kann. Hierfür erweist sich die *Exponentialabbildung* für Matrizen als äußerst nützlich.

Definition 2.5.1. ([Bak02], S. 46)
Sei $A \in M_n(\mathbb{K})$. Dann ist die *Exponentialabbildung* exp durch

$$\exp A := \sum_{n=0}^{\infty} \frac{1}{n!} A^n = E + A + \frac{1}{2!} A^2 + \cdots$$

gegeben.

Bemerkung 2.5.2.
Da die Potenzreihe der Exponentialfunktion für alle $z \in \mathbb{C}$ mit $|z| < \infty$ konvergiert, konvergiert auch die Exponentialabbildung für Matrizen für jede Matrix $A \in M_n(\mathbb{K})$ mit $\|A\| < \infty$.

Lemma 2.5.3. ([Küh11], S. 63)
Für beliebiges $A \in M_n(\mathbb{K})$ ist $\exp A$ invertierbar und es gilt $(\exp A)^{-1} = \exp(-A)$.

Beweisskizze. Durch Nachrechnen erhält man, dass

$$\exp(A + B) = \exp A \cdot \exp B$$

für zwei Matrizen A, B mit $AB = BA$. Setzt man nun $B = -A$, so folgt

$$E = \exp(0) = \exp(A - A) = \exp(A) \cdot \exp(-A).$$

Somit ist $(\exp A)^{-1} = \exp(-A)$. $\square$

Folgerung 2.5.4.
Es handelt sich bei der Exponentialabbildung exp *um eine Abbildung*

$$\exp : M_n(\mathbb{K}) \longrightarrow \mathrm{GL}(n, \mathbb{K}).$$

Dies bedeutet insbesondere, dass Elemente der Lie-Algebra $\mathfrak{gl}(n, \mathbb{K})$ durch die Exponentialfunktion auf Elemente der entsprechenden Lie-Gruppe $\mathrm{GL}(n, \mathbb{K})$ abgebildet werden. Es stellt sich die Frage, ob sich diese Eigenschaft für alle Matrixgruppen und deren zugehörigen Lie-Algebren überträgt und tatsächlich gilt folgender Satz:

Satz 2.5.5. ([Küh11], S. 85)
Es sei G eine Matrixgruppe mit Tangentialraum am Einselement $T_E G$. Dann gilt die Gleichheit

$$\{X \mid \exp(tX) \in G \quad \forall t \in \mathbb{R}\} = T_E G.$$

Beweisskizze. Wir wollen zunächst zeigen, dass

$$\{X \mid \exp(tX) \in G \quad \forall t \in \mathbb{R}\} \subseteq T_E G.$$

Sei hierzu $X \in \{X \mid \exp(tX) \in G \quad \forall t \in \mathbb{R}\}$ beliebig. Da die Exponentialabbildung stetig und differenzierbar ist[8], definiert

---

[8] Dies folgt aus der gleichmäßigen Konvergenz der Exponentialfunktion und lässt sich einfach zeigen.

$$c : (-\varepsilon, \varepsilon) \longrightarrow G$$

$$t \longmapsto \exp(tX)$$

für $\varepsilon > 0$ eine differenzierbare Kurve mit $c(0) = \exp(0) = E$ und $c'(0) = X \cdot \exp(0) = X$. Somit ist $X \in T_E G$.

Für die andere Richtung ist es entscheidend, dass die Matrixgruppe G per Definition abgeschlossen ist und somit jede konvergente Folge aus G auch gegen einen Grenzwert $g \in G$ konvergiert. Ein vollständiger Beweis befindet sich bei [Küh11], S. 84–85.   □

Folgerung 2.5.6.
Mit Satz 2.5.5 folgt für $t = 0$, dass für alle $X \in T_E G$ gilt

$$\exp(X) \in G.$$

Somit bildet die Exponentialabbildung

$$\exp : \mathfrak{g} \longrightarrow G$$

Lie-Algebren auf die entsprechenden Lie-Gruppen ab.

Lemma 2.5.7. ([Bak02], S. 78)
Sei $A \in M_n(\mathbb{C})$, dann gilt

$$\det \exp A = e^{\operatorname{spur} A}.$$

Beweis. Sei $S \in \mathrm{GL}(n, \mathbb{C})$. Dann ist

$$\exp(SAS^{-1}) = \sum_{n=0}^{\infty} \frac{1}{n!}(SAS^{-1})^n$$

$$= \sum_{n=0}^{\infty} \frac{1}{n!} \overbrace{(SA\underbrace{S^{-1})(S}_{=E}AS^{-1})\ldots(SAS^{-1})}^{n \text{ mal}}$$

$$= \sum_{n=0}^{\infty} \frac{1}{n!} SA^n S^{-1}$$

$$= S \exp(A) S^{-1}.$$

Folglich gilt für die Determinante

$$\det(\exp(SAS^{-1})) = \det(S\exp(A)S^{-1})$$
$$= \det(S)\det(\exp(A))\det(S^{-1})$$
$$= \det(\exp A).$$

Weiter gilt für die Spur

$$\text{spur}(SAS^{-1}) = \text{spur}((SA)S^{-1})$$
$$= \text{spur}(S^{-1}(SA))$$
$$= \text{spur } A$$

und somit

$$e^{\text{spur }SAS^{-1}} = e^{\text{spur }A}.$$

Es reicht also aus, die obige Aussage für SAS^{-1} zu zeigen, mit einer beliebigen Matrix $S \in \text{GL}(n, \mathbb{C})$. Da jede quadratische Matrix über $\mathbb{C}$ trigonalisierbar ist, lässt sich $S \in \text{GL}(n, \mathbb{C})$ so wählen, dass

$$SAS^{-1} = D + N,$$

wobei D eine Diagonalmatrix und N eine strikte obere Dreiecksmatrix[9] mit $ND = DN$ ist. Für die Exponentialabbildung folgt

$$\exp(SAS^{-1}) = \sum_{k=0}^{\infty} \frac{1}{k!}(D+N)^k$$
$$= \sum_{k=0}^{\infty} D^k + \sum_{k=0}^{\infty} \frac{1}{(k+1)!}\left(\sum_{j=0}^{k}\binom{k+1}{j}D^j N^{k+1-j}\right)$$
$$= \exp(D) + \sum_{k=0}^{\infty} \frac{1}{(k+1)!}N\left(\sum_{j=0}^{k}\binom{k+1}{j}D^j N^{k-j}\right).$$

---

[9] Für eine strikte obere Dreiecksmatrix A ist $a_{ij} = 0$ für alle $i \geq j$.

Für jedes $k \geq 0$ ist die Matrix

$$N \left(\sum_{j=0}^{k} \binom{k+1}{j} D^j N^{k-j} \right)$$

eine strikte obere Dreiecksmatrix. Also ist

$$\exp(SAS^{-1}) = \exp(D) + N',$$

wobei N' eine strikte obere Dreiecksmatrix ist. Ist $D = \mathrm{diag}(\lambda_1, \ldots, \lambda_n)$, so folgt schließlich für die Determinante der Exponentialabbildung

$$\begin{aligned}
\det \exp A &= \det(\exp(SAS^{-1})) \\
&= \det(\exp(D) + N') \\
&= \det(\exp(D)) \\
&= \det(\mathrm{diag}(e^{\lambda_1}, \ldots, e^{\lambda_n})) \\
&= e^{\lambda_1} \cdots e^{\lambda_n} \\
&= e^{\lambda_1 + \cdots + \lambda_n} \\
&= e^{\mathrm{spur}\, D} \\
&= e^{\mathrm{spur}\, SAS^{-1}} \\
&= e^{\mathrm{spur}\, A}
\end{aligned}$$

□

Folgerung 2.5.8. ([Küh11], S. 65)
Falls G eine Untergruppe von $\mathrm{GL}(n, \mathbb{R})$ ist, in der Matrizen mit negativer Determinante vorkommen, so ist die Exponentialabbildung nicht surjektiv. Dies gilt speziell für $G = \mathrm{GL}(n, \mathbb{R})$ und $G = \mathrm{O}(n)$.

Es stellt sich die Frage, ob es Lie-Gruppen gibt, für welche die Exponentialabbildung surjektiv ist und sich somit die Gruppe mit Hilfe der zugehörigen Lie-Algebra erzeugen lässt. Die Antwort ist, dass es diese Gruppen gibt und dass die entscheidenden Eigenschaften Kompaktheit und Zusammenhang sind.

Satz 2.5.9. ([Sep07], S. 84; [Bak02], S. 84)

Für eine kompakte und zusammenhängende Lie-Gruppe G mit zugehöriger Lie-Algebra $\mathfrak{g}$ ist

$$\exp \mathfrak{g} = G.$$

Beweis. [Sep07], S. 8–9, 84   □

Insbesondere lässt sich der Satz auf die Gruppen $SO(n)$, $U(n)$ und $SU(n)$ anwenden.

Darstellungstheorie 3

Lie-Gruppen sind oft die abstrakte Verkörperung von Symmetrien. Die Realisierung einer solchen Gruppe in Form eines bijektiven, linearen Operators auf einem $\mathbb{K}$-Vektorraum nennt man eine *Darstellung*. Wir werden uns hierbei in diesem Kapitel auf endlich-dimensionale Darstellungen beschränken.

3.1   Grundlegende Definitionen

Definition 3.1.1. ([Ham17], S. 84)
Sei G eine Lie-Gruppe und V ein $\mathbb{K}$-Vektorraum. Eine *Darstellung* von G auf V ist ein Lie-Gruppen-Homomorphismus

$$\rho : G \longrightarrow GL(V),$$

wobei $GL(V)$ die Lie-Gruppe aller linearen Isomorphismen von V ist.

Wenn die Darstellung aus dem Kontext klar hervorgeht, schreiben wir manchmal auch

$$\rho(g)v = g \cdot v = gv$$

für $g \in G$, $v \in V$.

Bemerkung 3.1.2.
Für $\mathbb{K} = \mathbb{C}$ oder $\mathbb{K} = \mathbb{R}$ ist die Lie-Gruppe $GL(V)$ isomorph zu der Matrixgruppe $GL(n, \mathbb{K})$ mit $n = \dim V$.

V heißt *Trägerraum* der Darstellung und dim *V* die *Dimension der Darstellung.*
Eine injektive Darstellung nennen wir *treu*. Im Gegensatz dazu steht die triviale
Darstellung, welche alle Gruppenelemente auf die Einheitsmatrix abbildet. Hierbei
geht sämtliche Information über die Struktur der Gruppe verloren.

Analog zu der Darstellung einer Lie-Gruppe lässt sich die Darstellung einer
Lie-Algebra definieren.

Definition 3.1.3. ([Ham17], S. 85)
Sei $\mathfrak{g}$ eine Lie-Algebra und *V* ein $\mathbb{K}$-Vektorraum. Eine *Darstellung* von $\mathfrak{g}$ auf *V* ist
ein Lie-Algebren-Homomorphismus

$$\phi : \mathfrak{g} \longrightarrow \mathfrak{gl}(V),$$

wobei $\mathfrak{gl}(V)$ die Gruppe aller linearen Abbildungen $V \to V$ ist.

Alle folgenden Definitionen werden nur für Lie-Gruppen angegeben. Falls nicht
anders beschrieben, lassen sich diese analog auf Lie-Algebren übertragen.

Bemerkung 3.1.4. ([Hei90], S. 140)
Stellen wir die Abbildung einer Darstellung $\rho : G \to \mathrm{GL}(V)$ bezüglich einer Basis
$\mathcal{B}$ von *V* durch Matrizen dar, so erhalten wir einen Gruppen-Homomorphismus

$$\rho_{\mathcal{B}} : G \longrightarrow \mathrm{GL}(n, \mathbb{K}).$$

Einen solchen Gruppen-Homomorphismus nennt man eine *Matrix-Darstellung* vom
Grad *n* über $\mathbb{K}$.

Wir wollen uns nun zwei einfache Beispiele anschauen.

Beispiel 3.1.5.
Sei $V = \mathbb{C}^{2n}$. Die Abbildung

$$\rho : \mathrm{SU}(n) \longrightarrow \mathrm{GL}(2n, \mathbb{C})$$

$$A \longmapsto \begin{pmatrix} A & 0 \\ 0 & A \end{pmatrix}$$

ist eine treue 2n-dimensionale Darstellung der Gruppe $\mathrm{SU}(n)$ auf *V*.

Beispiel 3.1.6.

Sei $V = \mathbb{C}$. Die Abbildung

$$\rho : \mathrm{U}(n) \longrightarrow \mathrm{GL}(1, \mathbb{C})$$

$$A \longmapsto \det A$$

ist eine eindimensionale Darstellung der Gruppe $\mathrm{U}(n)$ auf V, welche für $n \geq 2$ nicht treu ist, denn

$$\det \begin{pmatrix} i & 0 & \ldots\ldots & 0 \\ 0 & i & & \vdots \\ \vdots & & 1 & \vdots \\ \vdots & & & \ddots & 0 \\ 0 & \ldots\ldots & 0 & 1 \end{pmatrix} = -1 = \det \begin{pmatrix} -1 & 0 & \ldots\ldots & 0 \\ 0 & 1 & & \vdots \\ \vdots & & \ddots & \vdots \\ \vdots & & & \ddots & 0 \\ 0 & \ldots\ldots & 0 & 1 \end{pmatrix}$$

Zu jeder Matrixgruppe G gibt es immer eine *Fundamentaldarstellung*. Diese wird wie folgt definiert:

Definition 3.1.7. ([Sep07], S. 28)
Sei $G \subseteq M_n(\mathbb{K})$ eine Matrixgruppe. Die *Fundamentaldarstellung* oder *Standarddarstellung* von G ist die Darstellung auf $\mathbb{K}^n$, bei der $\rho(g)$ durch die Matrixmultiplikation von links mit der Matrix $g \in G$ gegeben ist.

Es ist klar, dass die Fundamentaldarstellung tatsächlich eine Darstellung definiert.

3.2 Äquivalente Darstellungen

Zu einer beliebigen Darstellung einer Matrixgruppe auf einem Vektorraum V können wir eine neue Darstellung konstruieren, indem wir auf V einen Basiswechsel durchführen. Formal bekommen wir so eine andere Darstellung. Diese unterscheidet sich aber in ihren Eigenschaften nicht von der ursprünglichen. Um solche Darstellungen miteinander zu identifizieren, definieren wir die *Äquivalenz* von Darstellungen. Zunächst müssen wir hierfür noch definieren, was wir unter einem *Morphismus* von Darstellungen verstehen.

Definition 3.2.1. ([BD85], S. 67)
Seien ρ_1, ρ_2 Darstellungen einer Lie-Gruppe auf den Vektorräumen V und W. Ein *Morphismus* zwischen Darstellungen ist eine lineare Abbildung $f : V \to W$, sodass

$$f(gv) = gf(v) \quad \forall g \in G, v \in V.$$

Existiert zu dem Morphismus ein Inverses, so ist es ein *Isomorphismus*.

Mit Hilfe von Isomorphismen von Darstellungen können wir jetzt definieren, wann zwei Darstellungen zueinander *äquivalent* sind.

Definition 3.2.2. ([BD85], S. 67)
Seien ρ_1, ρ_2 Darstellungen einer Lie-Gruppe auf den Vektorräumen V und W. Existiert ein Isomorphismus $f : V \to W$, so heißen die beiden Darstellungen *äquivalent*.

Bemerkung 3.2.3. ([BD85], S. 67)
Sind ρ_1 und ρ_2 zwei Darstellungen auf $V = \mathbb{K}^n$ in Form von Matrizen, dann sind diese genau dann äquivalent, wenn es eine invertierbare Matrix A gibt mit

$$A\rho_1(g)A^{-1} = \rho_2(g) \quad \forall g \in G.$$

A beschreibt in diesem Fall also einen Basiswechsel.

Äquivalente Darstellungen unterscheiden sich also nicht wirklich und sollten daher miteinander identifiziert werden. Haben wir eine Darstellung ρ gegeben, können wir durch $A\rho(g)A^{-1}$ unendlich viele äquivalente Darstellungen angeben. Wollen wir die Darstellungen einer Lie-Gruppe klassifizieren, kann es sich also nur um die Klassifizierung von nichtäquivalenten Darstellungen handeln [Wip19].

3.3   Irreduzible Darstellungen

Der nächste für uns relevante Begriff ist der eines *invarianten Unterraums*.

Definition 3.3.1. ([Sep07], S. 36)
Sei G eine Lie-Gruppe und ρ eine endlichdimensionale Darstellung von G auf dem Vektorraum V. Ein Untervektorraum U von V heißt *invariant*, falls gilt

$$\rho(g)U \subseteq U \quad \forall g \in G.$$

Falls es zu einer gegebenen Darstellung ρ der Gruppe G auf V einen invarianten Unterraum U gibt, ist die Abbildung

$$\rho_U : G \longrightarrow \mathrm{GL}(U)$$
$$g \longmapsto \rho(g)|_U$$

offenbar eine Darstellung auf U. Eine solche Darstellung heißt auch *Teildarstellung* [Sch17]. Die ursprüngliche Darstellung ρ ist also nicht wirklich fundamental, sondern setzt sich aus Teildarstellungen zusammen. Dieser Gedanke führt zu dem wichtigen Begriff der *irreduziblen Darstellung*.

Definition 3.3.2. ([Ham17], S. 87)
Eine Darstellung einer Lie-Gruppe G auf einem Vektorraum V heißt *irreduzibel*, falls es keinen echten, also einen von 0 oder V verschiedenen, invarianten Unterraum $U \subset V$ gibt. Eine Darstellung heißt *reduzibel*, falls sie nicht irreduzibel ist.

Eine solche Darstellung ist also nicht aus kleineren Darstellungen aufgebaut. Die irreduziblen Darstellungen einer Lie-Gruppe bilden somit die Basisbausteine, aus denen sich alle anderen Darstellungen zusammenbauen lassen. Für uns sind die irreduziblen Darstellungen besonders wichtig, da sie in der theoretischen Physik das richtige Werkzeug sind, um Elementarteilchen zu beschreiben [Sch17]. Ist eine gegebene Darstellung auf einem Vektorraum V reduzibel, so lässt sich diese eventuell in irreduzible Darstellungen auf Unterräumen von V zerlegen. Dieser Gedanke führt zu der folgenden Definition.

Definition 3.3.3. ([Hei90], S. 142)
Eine Darstellung $\rho : G \to \mathrm{GL}(V)$ einer Lie-Gruppe G auf dem Vektorraum V heißt *vollständig reduzibel*, falls es invariante Unterräume $U_1, \ldots, U_m$ von V gibt, sodass $V = U_1 \oplus \ldots \oplus U_m$ und die Teildarstellungen $\rho_{U_i} : G \to \mathrm{GL}(U_i)$ irreduzibel sind.

Bemerkung 3.3.4.
Wir sagen in diesem Fall, dass ρ die direkte Summe der Darstellungen ρ_{U_i} ist und schreiben entsprechend $\rho = \rho_{U_1} \oplus \ldots \oplus \rho_{U_m}$.

Beispiel 3.3.5.
Wir betrachten die Gruppe SO(2). Die Abbildung

$$\rho : SO(2) \longrightarrow GL(2, \mathbb{C})$$
$$A \longmapsto A$$

definiert eine Darstellung der Gruppe auf $\mathbb{C}^2$. Betrachte den Unterraum $U_1 :=$ $\langle \begin{pmatrix} 1 \\ -i \end{pmatrix} \rangle$. Eine beliebige Matrix $A \in SO(2)$ hat die Form

$$A = \begin{pmatrix} \cos \varphi & -\sin \varphi \\ \sin \varphi & \cos \varphi \end{pmatrix}$$

für ein $\varphi \in \mathbb{R}$. Weiter ist

$$A \cdot \begin{pmatrix} 1 \\ -i \end{pmatrix} = \begin{pmatrix} \cos \varphi & -\sin \varphi \\ \sin \varphi & \cos \varphi \end{pmatrix} \cdot \begin{pmatrix} 1 \\ -i \end{pmatrix} = \begin{pmatrix} \cos \varphi + i \sin \varphi \\ \sin \varphi - i \cos \varphi \end{pmatrix} = (\cos \varphi + i \sin \varphi) \begin{pmatrix} 1 \\ -i \end{pmatrix} \in U_1.$$

Also ist U_1 ein invarianter Unterraum von $\mathbb{C}^2$ bezüglich der Darstellung ρ. Analog kann man zeigen, dass auch $U_2 := \langle \begin{pmatrix} i \\ -1 \end{pmatrix} \rangle$ ein invarianter Unterraum ist. Da $U_1 \cap U_2 = 0$, ist $\mathbb{C}^2 = U_1 \oplus U_2$. Auf U_1 und U_2 sind die Teildarstellungen ρ_{U_1} und ρ_{U_2} irreduzibel. Also ist die ursprüngliche Darstellung ρ vollständig reduzibel.

3.4 Unitäre Darstellungen

Es ist für uns später nützlich, Darstellungen zu betrachten, welche mit dem Skalarprodukt unseres Vektorraums verträglich sind. Wir erinnern uns, dass eine Bilinearform auf einem komplexen Vektorraum *hermitesch* heißt, wenn es semilinear im ersten Argument, linear im zweiten Argument ist und bei Vertauschung beider Komponenten zum komplex konjugierten übergeht. Ein endlichdimensionaler Vektorraum V mit einer solchen Bilinearform heißt *unitärer Vektorraum*.

Definition 3.4.1. ([Ham17], S. 95)
Eine Darstellung ρ einer Lie-Gruppe G auf einem unitären Vektorraum $(V, \langle \cdot, \cdot \rangle)$ heißt *unitär*, falls für das Skalarprodukt gilt

$$\langle gv, gw \rangle = \langle \rho(g)v, \rho(g)w \rangle = \langle v, w \rangle,$$

für alle $g \in G$ und $v, w \in V$.

Es stellt sich die Frage, ob es zu den von uns in Abschnitt 2.2 betrachteten Gruppen passende unitäre Darstellungen gibt. Wir erinnern uns, dass die orthogonalen und unitären Matrixgruppen genau so definiert wurden, dass sie das Skalarprodukt erhalten. Allgemeiner gilt folgender Satz:

Satz 3.4.2. ([Sep07], S. 37; [Ham17], S. 97)
Sei ρ eine Darstellung einer kompakten Lie-Gruppe auf einem unitären Vektorraum $(V, \langle \cdot, \cdot \rangle)$. Dann gibt es ein hermitesches Skalarprodukt $(\cdot, \cdot)$ auf V, sodass ρ auf $(V, (\cdot, \cdot))$ unitär ist.

Beweisskizze. Wir beginnen mit dem Skalarprodukt $\langle \cdot, \cdot \rangle$ auf dem Vektorraum V und definieren uns durch

$$(v, w) = \int_G \langle gv, gw \rangle \, dg$$

ein neues Skalarprodukt. Hierbei ist dg ein linksinvariantes reguläres Borel-Maß auf G. Für eine genaue Definition siehe [Sep07], S. 20–22. Da G kompakt ist und die Abbildung $g \mapsto \langle gv, gw \rangle$ stetig ist, ist $(\cdot, \cdot)$ wohldefiniert. Weiter ist das neue Skalarprodukt hermitesch und positiv definit, da $\langle gv, gv \rangle > 0$ für $v \neq 0$. Es bleibt also zu zeigen, dass

$$(gv, gw) = (v, w)$$

für alle $g \in G$ und $v, w \in V$. Kurz gesagt ist dies deshalb der Fall, da dg rechtsinvariant ist [Sep07]. Ein ausführlicher Beweis hierzu befindet sich bei [Ham17], S. 97–99. $\square$

Satz 3.4.3. ([Hei90], S. 145)
Jede unitäre Darstellung einer Gruppe auf einem endlichdimensionalen unitären Vektorraum ist vollständig reduzibel.

Beweisskizze. Sei $(V, \langle \cdot, \cdot \rangle)$ ein endlichdimensionaler unitärer Vektorraum, ρ eine unitäre Darstellung der Gruppe G und U ein invarianter Unterraum von V. Dann ist bekanntlich $V = U \oplus U^\perp$, wobei $U^\perp = \{v \in V \mid \langle v, w \rangle = 0 \ \forall w \in U\}$. Da ρ unitär ist, folgt für beliebiges $v \in U^\perp$ und $g \in G$, dass

$$\langle gv, w \rangle = \langle v, g^\dagger w \rangle = \langle v, g^{-1} w \rangle = 0.$$

Also ist auch $U^\perp$ ein invarianter Unterraum. Wir haben also V in die direkte Summe von zwei invarianten Unterräumen zerlegt. Auf die gleiche Weise können nun die Unterräume U und $U^\perp$ weiter zerlegt werden. Dieses Verfahren lässt sich fortführen, bis es keine weiteren echten invarianten Unterräume mehr gibt. Da der ursprüngliche Vektorraum V endlichdimensional ist, endet das Verfahren nach einer endlichen Anzahl an Schritten. Als Ergebnis erhalten wir eine Zerlegung

$$V = U_1 \oplus \ldots \oplus U_m,$$

bzw.

$$\rho = \rho_{U_1} \oplus \ldots \oplus \rho_{U_m},$$

wobei die Teildarstellungen $\rho_{U_i} : G \to \mathrm{GL}(U_i)$ irreduzibel sind. $\square$

Folgerung 3.4.4.
Jede Darstellung ρ einer kompakten Gruppe auf einem unitären Vektorraum V ist vollständig reduzibel, lässt sich also in irreduzible Darstellungen auf invarianten Unterräumen zerlegen.

Bemerkung 3.4.5. ([Mil72], S. 68–69)
Es ist möglich, dass einige der ρ_{U_i} äquivalent sind. Sind a_1 der ρ_{U_i} äquivalent zu ρ_{U_1}, a_2 zu ρ_{U_2}, ..., a_k zu ρ_{U_k} und $\rho_{U_1}, \ldots, \rho_{U_k}$ paarweise nicht äquivalent, so schreiben wir

$$\rho = \bigoplus_{i=1}^{k} a_i \rho_{U_i}.$$

Mit dieser Schreibweise werden äquivalente Darstellungen miteinander identifiziert. Die natürliche Zahl a_i heißt *Multiplizität* von ρ_{U_i} in ρ.

3.5 Konstruktion weiterer Darstellungen

Es gibt verschiedene Möglichkeiten, aus gegebenen Vektorräumen neue Vektorräume zu konstruieren. Gibt es auf den gegebenen Vektorräumen Darstellungen einer Lie-Gruppe G, so finden wir in der Regel auch auf den neu konstruierten Vektorräumen passende Darstellungen. In diesem Abschnitt wollen wir einige solcher Vektorräume und Darstellungen angeben, welche sich für uns als nützlich erweisen.

3.5.1 Darstellung der direkten Summe

Zunächst betrachten wir eine einfache Konstruktion, nämlich die der *Darstellung der direkten Summe* von zwei Vektorräumen.

Definition 3.5.1. ([Ham17], S. 89)
Seien V und W $\mathbb{K}$-Vektorräume mit Darstellungen

$$\rho_V : G \longrightarrow \mathrm{GL}(V)$$
$$\rho_W : G \longrightarrow \mathrm{GL}(W)$$

einer Lie-Gruppe G. Dann existiert die *Darstellung der direkten Summe* $\rho_{V \oplus W}$ von G auf $V \oplus W$, definiert durch

$$g(v, w) = (gv, gw),$$

wobei $g \in G$ und $v \in V$, $w \in W$ beliebig sind.

3.5.2 Duale und komplex konjugierte Darstellung

Für die Beschreibung von Teilchen und ihren entsprechenden Antiteilchen werden Darstellungen auf dem *komplex konjugierten* und dem *dualen* Vektorraum von Bedeutung sein. Wir betrachten zunächst die Konstruktion der jeweiligen Vektorräume.

Definition 3.5.2. ([Ham17], S. 89)
Sei V ein komplexer Vektorraum. Dann ist der *komplex konjugierte* Vektorraum $\bar{V}$ wie folgt definiert:

- Als Menge und abelsche Gruppe ist $\bar{V} = V$
- Skalarmultiplikation ist definiert durch

$$\mathbb{C} \times \bar{V} \longrightarrow \bar{V}$$
$$(\alpha, v) \longmapsto \bar{\alpha} v.$$

Definition 3.5.3. ([Ham17], S. 616–617)

Es sei V ein n-dimensionaler $\mathbb{K}$-Vektorraum. Dann ist der zu V *duale Raum* V^* definiert durch

$$V^* = \{\lambda \mid \lambda : V \to \mathbb{K} \text{ ist linear}\}.$$

Ist $\{e_\mu\}$ eine Basis von V, so ist die *duale Basis* $\{\omega_\nu\}$ von V^* definiert durch

$$\omega_\nu(e_\mu) = \delta_{\mu\nu}, \quad \forall \mu, \nu = 1, \dots, n,$$

wobei $\delta_{\mu\nu}$ dem Kronecker-Delta entspricht.

Jetzt können wir auf den jeweiligen Räumen entsprechende Darstellungen definieren.

Definition 3.5.4. ([Ham17], S. 89–90)

Sei V ein $\mathbb{K}$-Vektorraum mit Darstellung

$$\rho_V : G \longrightarrow \mathrm{GL}(V)$$

einer Lie-Gruppe G. Dann existieren die folgenden Darstellungen von G, wobei $g \in G$ und $v \in V$ beliebig sind:

- Die *duale (oder auch kontragrediente) Darstellung* ρ_{V^*} auf V^*, definiert durch

$$(g\lambda)(v) = \lambda(g^{-1}v), \quad \forall \lambda \in V^*.$$

- Für $\mathbb{K} = \mathbb{C}$: Die *komplex konjugierte Darstellung* $\rho_{\bar{V}}$ auf $\bar{V}$, definiert durch

$$\rho_{\bar{V}}(g)v = \overline{\rho_V(g)}v.$$

Bemerkung 3.5.5. ([Hei90], S. 146–147)

Für eine Matrix-Darstellung $\rho : G \to \mathrm{GL}(n, \mathbb{K})$ ist die duale (oder kontragrediente) Darstellung durch

$$\rho^*(g) := \rho(g^{-1})^T$$

gegeben.

Lemma 3.5.6.
Für eine unitäre Matrix-Darstellung sind die duale und die komplex-konjugierte Darstellung identisch.

Beweis. Sei ρ eine unitäre Matrix-Darstellung der Lie-Gruppe G. Dann gilt für alle $g \in G$

$$\rho(g)^\dagger = \rho(g)^{-1}.$$

Es folgt, dass

$$\rho^*(g) = \rho(g^{-1})^T = \left(\rho(g)^{-1}\right)^T = \left(\rho(g)^\dagger\right)^T = \overline{\rho(g)}$$

$\square$

3.5.3 Tensorproduktdarstellungen

Möchten wir Zustände zusammengesetzter Systeme beschreiben oder Raum-Zeit-Symmetrien mit inneren Symmetrien kombinieren, ist der Begriff des Tensorprodukts von zentraler Bedeutung [Sch16].

Definition 3.5.7. ([Hei90], S. 153)
Es seien $V_1, \ldots, V_k$ Vektorräume über dem Körper $\mathbb{K}$. Ein $\mathbb{K}$-Vektorraum V zusammen mit einer k-linearen Abbildung

$$\rho : V_1 \times \ldots \times V_k \longrightarrow V$$

heißt *Tensorprodukt* von $V_1, \ldots V_k$, falls (V, ρ) folgende universelle Eigenschaft hat:

Zu jeder k-linearen Abbildung

$$\psi : V_1 \times \ldots \times V_k \longrightarrow W$$

in einem $\mathbb{K}$-Vektorraum W gibt es genau eine lineare Abbildung

$$f : V \longrightarrow W \quad \text{mit} \quad f \circ \rho = \psi.$$

Es ist prinzipiell nicht klar, dass es zu gegebenen Vektorräumen $V_1 \ldots V_k$ immer ein Tensorprodukt gibt und falls eines existiert, ob dieses eindeutig ist. Eine Antwort auf diese Fragen liefert der folgende Satz.

Satz 3.5.8. ([Hei90], S. 153)

(1) *Zu* $\mathbb{K}$-*Vektorräumen* $V_1 \ldots V_k$ *existiert ein Tensorprodukt* (V, ρ).

(2) *Sind* (V, ρ) *und* (W, ψ) *Tensorprodukte von* $V_1 \ldots V_k$, *so gibt es einen Isomorphismus* $f : V \to W$ *mit* $f \circ \rho = \psi$.

Beweis. [Hei90], S. 153–154   □

Ist (V, ρ) ein Tensorprodukt von $V_1 \ldots V_k$, so schreibt man $V_1 \otimes \ldots \otimes V_k$ für V und nennt diesen Vektorraum das Tensorprodukt von $V_1, \ldots V_k$, ohne die zugehörige k-lineare Abbildung $\rho : V_1 \times \ldots \times V_k \to V_1 \otimes \cdots \otimes V_k$ zu erwähnen. Weiter schreibt man $x_1 \otimes \ldots \otimes x_k$ anstelle von $\rho((x_1, \ldots, x_k))$, $x_i \in V_i$. Diese Inkonsequenz hat sich in der Praxis bewährt und lässt sich aufgrund der Isomorphieaussage des obigen Satzes begründen [Hei90].

Bemerkung 3.5.9. ([Hei90], S. 154–155)

Für jede Basis $\mathcal{B}_i$ von V_i $(1 \leq i \leq k)$ ist $\{b_1 \otimes \ldots \otimes b_k; b_i \in \mathcal{B}_i\}$ eine Basis von $V_1 \otimes \ldots \otimes V_k$. Ist jedes V_i endlichdimensional mit einer Basis $\{b_j^{(i)}; 1 \leq j \leq n_i\}$, so lässt sich also jeder Tensor $X \in V_1 \otimes \ldots \otimes V_k$ eindeutig darstellen in der Form

$$X = \sum \xi_{i_1 \ldots i_k} b_{i_1}^{(1)} \otimes \ldots \otimes b_{i_k}^{(k)}$$

mit $\xi_{i_1 \ldots i_k} \in \mathbb{K}$, wobei über alle k-Tupel $(i_1, \ldots, i_k)$ mit $1 \leq i_\nu \leq n_\nu$, $\nu = 1, \ldots, k$ summiert wird.

Kennen wir bereits Darstellungen von Lie-Gruppen auf bestimmten $\mathbb{K}$-Vektorräumen, so lassen sich auch Darstellungen auf dem Tensorprodukt der Vektorräume finden.

Definition 3.5.10. ([Ham17], S. 89–90)

Seien V und W $\mathbb{K}$-Vektorräume mit Darstellungen

$$\rho_V : G \longrightarrow \mathrm{GL}(V)$$
$$\rho_W : G \longrightarrow \mathrm{GL}(W)$$

einer Lie-Gruppe G. Dann existieren die folgenden Darstellungen von G, wobei $g \in G$ und $v \in V$, $w \in W$ beliebig sind:

- Die *innere Tensorproduktdarstellung* $\rho_{V \otimes W}$ auf $V \otimes W$, definiert durch

$$g(v \otimes w) = gv \otimes gw.$$

- Die *äußere Tensorproduktdarstellung* $\rho_V \otimes \varphi_W$ der Lie-Gruppe $G \times G$ auf $V \otimes W$, definiert durch

$$(g_1, g_2)(v \otimes w) = g_1 v \otimes g_2 w.$$

Bemerkung 3.5.11. ([Gol10], S. 298; [Sch16], S. 91)
Wird eine innere Tensorproduktdarstellung $\rho_{V \otimes W}$ zerlegt in der Form

$$\rho_{V \otimes W} = \bigoplus_{\mu} \rho_{\mu},$$

wobei ρ_{μ} irreduzible Darstellungen sind, so spricht man von einer *Clebsch-Gordan-Zerlegung*[1].

Der folgende Satz verrät uns die Clebsch-Gordan-Zerlegung für Darstellungen der Gruppe SU(2). Hiervon werden wir später Gebrauch machen, wenn wir uns mit Kopplung von Spins auseinandersetzen.

Satz 3.5.12. ([Cor97], S. 187)
Es bezeichne ρ_j die $(2j + 1)$-dimensionale irreduzible Darstellung der Lie-Gruppe SU(2) *auf einem komplexen Hilbert-Raum. Dann ist die Clebsch-Gordan-Zerlegung der inneren Tensorproduktdarstellung $\rho_{j_1 \otimes j_2}$ durch*

$$\rho_{j_1 \otimes j_2} = \bigoplus_{j=|j_1-j_2|}^{j_1+j_2} \rho_j$$

gegeben.

Beweis. [Cor97] S. 187. $\square$

---

[1] Bennant nach Alfred Clebsch [1833–1872] und Paul Gordan [1837–1912]

Die Symmetrische Gruppe

4

In diesem Kapitel widmen wir uns der Darstellungstheorie der Symmetrischen Gruppe S_n. Eine wichtige Anwendung dieser Darstellungstheorie ist die Konstruktion von irreduziblen Darstellungen von Matrixgruppen auf Tensorprodukträumen.

4.1 Grundlagen

In Kapitel 2 haben wir gesehen, dass wir eine Permutation $\sigma \in S_n$ als Matrix schreiben können, der Form

$$\sigma = \begin{pmatrix} 1 & 2 & \cdots & n \\ \sigma(1) & \sigma(2) & \cdots & \sigma(n) \end{pmatrix}.$$

Eine weitere nützliche Schreibweise ist die *Zykelnotation*. Für ein $i \in \{1, \ldots, n\}$ können die Elemente der Folge $i, \sigma(i), \sigma^2(i), \ldots$ nicht alle verschieden sein. Sei p die kleinste Potenz mit $\sigma^p(i) = i$, so erhalten wir einen Zykel

$$(i, \sigma(i), \ldots, \sigma^{p-1}(i)).$$

Analog bedeutet der Zykel $(i, j, k, \ldots, l)$, dass σ i auf j abbildet, j auf k und l auf i [Sag01].

Beispiel 4.1.1.
Betrachte $\sigma \in S_6$ mit $\sigma(1) = 2$, $\sigma(2) = 3$, $\sigma(3) = 1$, $\sigma(4) = 4$, $\sigma(5) = 6$ und $\sigma(6) = 5$, dann ist in Zykelnotation

$$\sigma = (1, 2, 3)(5, 6)(4).$$

© Der/die Autor(en), exklusiv lizenziert durch Springer Fachmedien Wiesbaden GmbH, ein Teil von Springer Nature 2022
J. Schaeffer, *SU(n), Darstellungstheorie und deren Anwendung im Quarkmodell*, BestMasters, https://doi.org/10.1007/978-3-658-36073-3_4

Bemerkung 4.1.2.
Die einzelnen Zykel einer Permutation lassen sich vertauschen, ohne dass sich die
Permutation verändert. So hätte man die Permutation σ aus obigem Beispiel also
auch beispielsweise durch

$$\sigma = (5,6)(1,2,3)(4)$$

darstellen können. Es ist aber üblich, die Zykel absteigend der Länge nach anzu-
ordnen.

Definition 4.1.3. ([Sag01], S. 2)
Eine *Partition* von n ist ein Tupel

$$\lambda = (\lambda_1, \lambda_2, \dots, \lambda_l),$$

wobei $\lambda_i \geq \lambda_{i+1}$ und $\sum_{i=1}^{l} \lambda_i = n$.

Auf Grundlage ihrer Zykelnotation können wir jeder Permutation $\sigma \in S_n$ eine
Partition zuordnen, indem wir die Längen der Zykel betrachten. Der Permutation
aus dem obigen Beispiel wird also die Partition

$$\lambda = (3,2,1)$$

zugeordnet. Dies führt zu folgender Definition:

Definition 4.1.4.
Eine Permutation $\sigma \in S_n$ ist vom *Typ* λ, falls ihrer Zykelnotation die Partition λ
zugewiesen wird.

Wir erinnern uns, dass zwei Elemente g, h einer Gruppe G zueinander konjugiert
sind, wenn

$$g = khk^{-1}$$

für ein $k \in G$.

Bemerkung 4.1.5.
Ist $\sigma \in S_n$ mit Zykelschreibweise

$$\sigma = (i_1, i_2, \dots, i_l) \dots (i_m, i_{m+1}, \dots, i_n),$$

so ist es nicht schwer zu zeigen, dass

$$\pi \sigma \pi^{-1} = (\pi(i_1), \pi(i_2), \ldots, \pi(i_l)) \ldots (\pi(i_m), \pi(i_{m+1}), \ldots, \pi(i_n))$$

für ein beliebiges $\pi \in S_n$.

Satz 4.1.6.
Zwei Permutationen $\sigma_1, \sigma_2 \in S_n$ liegen genau dann in der selben Konjugationsklasse, wenn sie vom gleichen Typ λ sind.

Beweis. Die Richtung „$\Rightarrow$" folgt direkt aus der obigen Bemerkung. Seien also nun σ_1 und σ_2 Permutationen vom gleichen Typ λ. Dann lassen sich diese schreiben als

$$\sigma_1 = (i_1, i_2, \ldots, i_l) \ldots (i_m, i_{m+1}, \ldots, i_n) \text{ und}$$
$$\sigma_2 = (j_1, j_2, \ldots, j_l) \ldots (j_m, j_{m+1}, \ldots, j_n)$$

Betrachte die Permutation $\pi \in S_n$, für welche

$$\pi(i_k) = j_k$$

gilt. Dann ist mit der obigen Bemerkung

$$\sigma_2 = (\pi(i_1), \pi(i_2), \ldots, \pi(i_l)) \ldots (\pi(i_m), \pi(i_{m+1}), \ldots, \pi(i_n)) = \pi \sigma_1 \pi^{-1}.$$

Also liegen σ_1 und σ_2 in derselben Konjugationsklasse. $\qquad\square$

Wir wollen nun eine der wichtigsten Darstellungen der Symmetrischen Gruppe beschreiben, nämlich die *linksreguläre Darstellung*. Hierfür betrachten wir zunächst die Definition der *Gruppenalgebra* einer endlichen Gruppe.

Definition und Notation 4.1.7.([Sag01], S. 8)
Sei $G = \{g_1, g_2, \ldots, g_n\}$ eine Gruppe, dann heißt

$$\mathbb{C}[G] := \{c_1\mathbf{g_1} + c_2\mathbf{g_2} + \ldots + c_n\mathbf{g_n} \mid c_i \in \mathbb{C} \text{ für alle } i\}$$

die *Gruppenalgebra* von G[1]. Die Multiplikation auf $\mathbb{C}[G]$ wird definiert durch $\mathbf{g_i}\mathbf{g_j} = \mathbf{g_k}$, falls $g_i g_j = g_k$ in G.

---

[1] Um die Elemente der Gruppe und der Gruppenalgebra zu unterscheiden, werden die Vektoren aus $\mathbb{C}[G]$ stets fettgedruckt.

Bemerkung 4.1.8.

Wir können eine Gruppenwirkung der Gruppe G auf der Gruppenalgebra angeben mittels

$$g(c_1\mathbf{g_1} + c_2\mathbf{g_2} + \cdots + c_n\mathbf{g_n}) = c_1(\mathbf{gg_1}) + c_2(\mathbf{gg_2}) + \ldots + c_n(\mathbf{gg_n})$$

für alle $g \in G$. Die durch diese Gruppenwirkung definierte Darstellung der Gruppe G auf der Gruppenalgebra $\mathbb{C}[G]$ heißt *linksreguläre Darstellung* ρ_L.

Wir betrachten hierzu ein einfaches Beispiel:

Beispiel 4.1.9.
Sei $G = S_2 = \{\text{id}, (1, 2)\}$. Dann ist

$$\mathbb{C}[S_2] = \{c_1\mathbf{id} + c_2(\mathbf{1, 2}) \mid c_1, c_2 \in \mathbb{C}\}$$

die Gruppenalgebra von S_2. Sei nun $s = c_1\mathbf{id} + c_2(\mathbf{1, 2}) \in \mathbb{C}[S_2]$. Dann ist die linksreguläre Darstellung ρ_L durch

$$\rho_L(\text{id}) \cdot s = \mathbf{id} \cdot s = \mathbf{id} \cdot (c_1\mathbf{id} + c_2(\mathbf{1, 2})) = c_1\mathbf{id} + c_2(\mathbf{1, 2})$$
$$\rho_L((1, 2)) \cdot s = (\mathbf{1, 2}) \cdot s = (\mathbf{1, 2}) \cdot (c_1\mathbf{id} + c_2(\mathbf{1, 2})) = c_1(\mathbf{1, 2}) + c_2\mathbf{id}$$

gegeben.

Unser Ziel ist es, die irreduziblen Darstellungen der S_n zu finden und zu beschreiben. Hierbei werden die folgenden zwei Sätze hilfreich sein.

Satz 4.1.10. ([Hei90], S. 170)
Die Anzahl der (nicht äquivalenten) irreduziblen Darstellungen der S_n ist gleich der Anzahl der Konjugationsklassen von S_n.

Beweis. ([Hei90], S. 170–171) $\square$

Somit entspricht die Anzahl der irreduziblen Darstellungen der Gruppe S_n gerade der Anzahl an Partitionen λ von n.

Satz 4.1.11. ([Hei90], S. 145)
Jede komplexe Darstellung einer endlichen Gruppe auf einem unitären Vektorraum
$V, \langle \cdot , \cdot \rangle$ *ist unitär, also vollständig reduzibel.*

Beweis. Da endliche Gruppen kompakt sind, folgt die Behauptung aus Satz 3.4.2.
Bei dem entsprechenden Beweis geht das Integral hierbei in eine Summe über. Ein
vollständiger Beweis befindet sich bei [Hei90], S. 145–146. □

Somit ist insbesondere die linksreguläre Darstellung ρ_L der Gruppe S_n vollständig
reduzibel.

4.2 Idempotente

Bei der Suche nach den irreduziblen Darstellungen der S_n spielen bestimmte *idem-potente* Elemente der Gruppenalgebra eine tragende Rolle. Diese werden in diesem
Abschnitt zunächst etwas erläutert.

Definition 4.2.1. ([Hei90], S. 169; [Mil72], S. 98)
Ein Element $e \in \mathbb{C}[S_n]$ heißt *idempotent*, falls $e \neq 0$ und $e^2 = e$. Weiter heißt e
primitiv, falls es keine $e_1, e_2 \in \mathbb{C}[S_n]$ mit

$$e = e_1 + e_2, \qquad e_1^2 = e_1 \neq 0, \qquad e_2^2 = e_2 \neq 0, \qquad e_1 e_2 = e_2 e_1 = 0$$

gibt. Ein Element $c \in \mathbb{C}[S_n]$ heißt *wesentlich idempotent*, falls ein $\lambda \in \mathbb{C}$ mit $\lambda \neq 0$
existiert, sodass $c^2 = \lambda c$.

Der folgende Satz ermöglicht es uns auf einfachere Art und Weise zu überprüfen,
ob ein idempotentes Element der Gruppenalgebra primitiv ist oder nicht.

Satz 4.2.2. ([Tun85], S. 310)
Sei $e \in \mathbb{C}[S_n]$ idempotent, dann ist e genau dann primitiv, falls $exe = \lambda e$ für ein
$\lambda \in \mathbb{C}$, *für alle $x \in \mathbb{C}[S_n]$.*

Beweisskizze. Wir zeigen die für uns relevantere Richtung, nämlich „⇐". Sei also
$e \in \mathbb{C}[S_n]$ idempotent und $exe = \lambda e$ für ein $\lambda \in \mathbb{C}$, für alle $x \in \mathbb{C}[S_n]$. Angenommen es gibt $e_1, e_2 \in \mathbb{C}[S_n]$ mit

$$e = e_1 + e_2, \qquad e_1^2 = e_1 \neq 0, \qquad e_2^2 = e_2 \neq 0, \qquad e_1 e_2 = e_2 e_1 = 0.$$

Dann ist

$$ee_1e = (e_1 + e_2)e_1(e_1 + e_2) = \underbrace{e_1^3}_{=e_1} + \underbrace{e_1^2 e_2}_{=0} + \underbrace{e_2 e_1^2}_{=0} + \underbrace{e_2 e_1 e_2}_{=0} = e_1.$$

Nach Voraussetzung folgt, dass $e_1 = \lambda e$ für ein $\lambda \in \mathbb{C}$. Da e_1 und e idempotent sind, folgt, dass $\lambda^2 = \lambda$ und somit $\lambda = 0$ oder $\lambda = 1$. Dies steht im Widerspruch zur Annahme, dass $e_1 \neq 0 \neq e_2$.
Ein Beweis für die andere Richtung „$\Rightarrow$" befindet sich bei [Tun85], S. 310–311.

Wir betrachten ein einfaches Beispiel:

Beispiel 4.2.3.
Sei $e = \frac{1}{2}\mathbf{id} - \frac{1}{2}(1,2) \in \mathbb{C}[S_2]$. Dann ist

$$e^2 = \left(\frac{1}{2}\mathbf{id} - \frac{1}{2}(1,2)\right)^2 = \frac{1}{4}\mathbf{id} - \frac{1}{4}(1,2) - \frac{1}{4}(1,2) + \frac{1}{4}\mathbf{id} = \frac{1}{2}\mathbf{id} - \frac{1}{2}(1,2) = e.$$

Folglich ist e idempotent.
Sei nun $x = c_1\mathbf{id} + c_2(1,2) \in \mathbb{C}[S_2]$ beliebig. Dann ist

$$\begin{aligned}
exe &= \left(\frac{1}{2}\mathbf{id} - \frac{1}{2}(1,2)\right)\left(c_1\mathbf{id} + c_2(1,2)\right)\left(\frac{1}{2}\mathbf{id} - \frac{1}{2}(1,2)\right) \\
&= \left(\frac{1}{2}\mathbf{id} - \frac{1}{2}(1,2)\right)\left(\frac{1}{2}(c_1 - c_2)\mathbf{id} + \frac{1}{2}(c_2 - c_1)(1,2)\right) \\
&= \frac{1}{2}(c_1 - c_2)\mathbf{id} - \frac{1}{2}(c_1 - c_2)(1,2) \\
&= (c_1 - c_2) \cdot e.
\end{aligned}$$

Mit Satz 4.2.2 folgt, dass e primitiv ist.

Mit Hilfe von primitiven Idempotenten können wir irreduzible Darstellungen der Gruppe S_n angeben.

Satz 4.2.4. ([Mil72], S. 98)
Sei $e \in \mathbb{C}[S_n]$ idempotent, dann ist die linksreguläre Darstellung ρ_L der Gruppe S_n irreduzibel auf dem Unterraum

$$W = \{xe \mid x \in \mathbb{C}[S_n]\} \subset \mathbb{C}[S_n]$$

genau dann, wenn e primitiv ist.

Beweis. Wir zeigen zunächst „$\Rightarrow$". Sei also die linksreguläre Darstellung ρ_L irreduzibel auf W. Angenommen e ist nicht primitiv, dann gibt es $e_1, e_2 \in \mathbb{C}[S_n]$ mit

$$e = e_1 + e_2, \quad e_1^2 = e_1 \neq 0, \quad e_2^2 = e_2 \neq 0, \quad e_1 e_2 = e_2 e_1 = 0.$$

Betrachte die Unterräume

$$U_1 = \{xe_1 \mid x \in \mathbb{C}[S_n]\} \subset W, \quad U_2 = \{xe_2 \mid x \in \mathbb{C}[S_n]\} \subset W.$$

Bei U_1 und U_2 handelt es sich tatsächlich um Unterräume von W, da

$$xe_1 = x \underbrace{e_1^2}_{=e_1} + x \underbrace{e_1 e_2}_{=0} = xe_1(e_1 + e_2) = xe_1 e \in W,$$

$$xe_2 = x \underbrace{e_2^2}_{=e_2} + x \underbrace{e_2 e_1}_{=0} = xe_2(e_2 + e_1) = xe_2 e \in W,$$

für alle $x \in \mathbb{C}[S_n]$. Sei nun $g \in S_n$, dann ist

$$\rho_L(g) xe_1 = \underbrace{(gx)}_{\in \mathbb{C}[S_n]} e_1 \in U_1$$

$$\rho_L(g) xe_2 = \underbrace{(gx)}_{\in \mathbb{C}[S_n]} e_2 \in U_2$$

für alle $x \in \mathbb{C}[S_n]$. Also ist die linksreguläre Darstellung ρ_L invariant auf U_1 und U_2. Da $e_1 \neq 0 \neq e_2$ sind U_1 und U_2 zwei echte Unterräume von W. Dies steht im Widerspruch zur Annahme, dass ρ_L irreduzibel auf W ist.

Betrachten wir nun die Rückrichtung „$\Leftarrow$". Sei also e primitiv. Angenommen ρ_L ist reduzibel. Dann gibt es nach Satz 4.1.11 echte invariante Unterräume $W' \subseteq \mathbb{C}[S_n]$ und $U_1, U_2 \subset W$, sodass $W = U_1 \oplus U_2$ und

$$\mathbb{C}[S_n] = W \oplus W' = U_1 \oplus U_2 \oplus W'.$$

Definiere $e_1, e_2 \in \mathbb{C}[S_n]$ durch

$$e_1 x = u_1 \quad e_2 x = u_2$$

für $x = u_1 + u_2 + w'$ mit $u_1 \in U_1, u_2 \in U_2$ und $w' \in W'$. Somit ist $e = e_1 + e_2$. Weiter ist $e_1 e_2 = e_2 e_1 = 0$ und $e_1^2 = e_1, e_2^2 = e_2$. Da $e, e_1, e_2 \neq 0$, folgt, dass e nicht primitiv ist im Widerspruch zur Annahme. $\square$

Wir betrachten hierzu ein einfaches Beispiel:

Beispiel 4.2.5.
Wir betrachten die Gruppenalgebra $\mathbb{C}[S_2]$. Ein beliebiges Element $x \in \mathbb{C}[S_2]$ lässt sich ausdrücken durch

$$x = c_1 \mathbf{id} + c_2 (\mathbf{1}, \mathbf{2}),$$

wobei $c_1, c_2 \in \mathbb{C}$. Wir wollen zunächst die primitiven Idempotente bestimmen. Hierzu betrachten wir

$$(c_1 \mathbf{id} + c_2 (\mathbf{1}, \mathbf{2}))^2 = c_1 \mathbf{id} + c_2 (\mathbf{1}, \mathbf{2})$$

$$\Rightarrow \quad c_1^2 \mathbf{id} + 2 c_1 c_2 (\mathbf{1}, \mathbf{2}) + c_2^2 \mathbf{id} = c_1 \mathbf{id} + c_2 (\mathbf{1}, \mathbf{2})$$

$$\Rightarrow \quad (c_1^2 + c_2^2) \mathbf{id} + 2 c_1 c_2 (\mathbf{1}, \mathbf{2}) = c_1 \mathbf{id} + c_2 (\mathbf{1}, \mathbf{2}).$$

Ein Koeffizientenvergleich liefert die beiden Gleichungen

$$\mathrm{I}: \quad c_1^2 + c_2^2 = c_1$$

$$\mathrm{II}: \quad 2 c_1 c_2 = c_2.$$

Wir betrachten zunächst den Fall $c_2 = 0$. Dann folgt aus Gleichung I sofort $c_1 = 1$ und wir erhalten das Element

$$e_1 = 1 \cdot \mathbf{id} + 0 \cdot (\mathbf{1}, \mathbf{2}) = \mathbf{id}.$$

Für $c_2 \neq 0$ folgt mit Gleichung II $c_1 = \frac{1}{2}$. Einsetzen in Gleichung I liefert $c_2 = \pm\frac{1}{2}$. Wir erhalten zwei weitere Idempotente

$$e_+ = \frac{1}{2} \mathbf{id} + \frac{1}{2} (\mathbf{1}, \mathbf{2}) \quad \text{und} \quad e_- = \frac{1}{2} \mathbf{id} - \frac{1}{2} (\mathbf{1}, \mathbf{2}).$$

Nach Satz 4.2.2 ist e_1 offensichtlich nicht primitiv. In Beispiel 4.2.3 haben wir gesehen, dass e_+ primitiv ist. Auf gleiche Weise zeigt man, dass auch e_- primitiv ist. Wir wollen nun die Unterräume

$$W_+ = \{xe_+ \mid x \in \mathbb{C}[S_n]\} \quad \text{und} \quad W_- = \{xe_- \mid x \in \mathbb{C}[S_n]\}$$

bestimmen. Hierzu sei $x = c_1\,\mathrm{id} + c_2(\mathbf{1}, \mathbf{2}) \in \mathbb{C}[S_n]$ beliebig. Dann ist

$$(c_1\mathrm{id} + c_2(\mathbf{1}, \mathbf{2}))\,e_\pm = (c_1\mathrm{id} + c_2(\mathbf{1}, \mathbf{2}))\left(\frac{1}{2}\mathrm{id} \pm \frac{1}{2}(\mathbf{1}, \mathbf{2})\right)$$

$$= \frac{1}{2}(c_1 + c_2)\mathrm{id} \pm \frac{1}{2}(c_1 + c_2)(\mathbf{1}, \mathbf{2}).$$

Es folgt, dass

$$W_+ = \{\lambda\mathrm{id} + \lambda(\mathbf{1}, \mathbf{2}) \mid \lambda \in \mathbb{C}\} \quad \text{und} \quad W_- = \{\lambda\mathrm{id} - \lambda(\mathbf{1}, \mathbf{2}) \mid \lambda \in \mathbb{C}\}.$$

Die linksreguläre Darstellung ρ_L der Gruppe S_2 wirkt somit auf W_+ und W_- gemäß

$$\mathrm{id}w_+ = w_+ \quad \text{und} \quad (\mathbf{1}, \mathbf{2})w_+ = \ \ w_+ \quad \text{für alle } w_+ \in W_+,$$
$$\mathrm{id}w_- = w_- \quad \text{und} \quad (\mathbf{1}, \mathbf{2})w_- = -w_- \quad \text{für alle } w_- \in W_-,$$

Also sind W_+ und W_- eindimensionale invariante Unterräume bezüglich ρ_L. Weiter ist $W_+ \cap W_- = 0$, sodass

$$\mathbb{C}[S_n] = W_+ \oplus W_-$$

eine Zerlegung der Gruppenalgebra in eine direkte Summe von irreduziblen Unterräumen ist.

Kennen wir primitive idempotente Elemente der Gruppenalgebra, so können wir also passende irreduzible Darstellungen angeben. Hierbei kann es aber passieren, dass unterschiedliche Elemente äquivalente Darstellungen implizieren. Ein Kriterium hierfür liefert der folgende Satz.

Satz 4.2.6. ([Tun85], S. 311)
Seien $e_1, e_2 \in \mathbb{C}[S_n]$ primitiv idempotent, welche die Unterräume W_1 und W_2 erzeugen. Sind die Teildarstellungen von ρ_L auf W_1 und W_2 irreduzibel, so sind sie genau dann äquivalent, falls $e_1 x e_2 \neq 0$ für ein $x \in \mathbb{C}[S_n]$.

Beweisskizze. Wir zeigen erneut die für uns relevantere Richtung „⇒". Seien also die Teildarstellungen von ρ_L auf W_1 und W_2 äquivalent. Dann existiert ein Isomorphismus $f : W_1 \to W_2$ mit

$$f(\rho_L(g)w_1) = \rho_L(g)f(w_1)$$

für alle $g \in S_n$ und $w_1 \in W_1$. Weiter ist

$$xf(w_1) = f(xw_1)$$

für alle $x \in \mathbb{C}[S_n]$. Setze nun $c = f(e_1) \in W_2$. Dann ist

$$f(w_1) = f(w_1e_1) = w_1f(e_1) = w_1c$$

für alle $w_1 \in W_1$. Somit ist der Isomorphismus f durch die Multiplikation von links mit der Konstanten $c \in \mathbb{C}[S_n]$ gegeben. Da außerdem $c \in W_2$, ist $c = ce_2$. Weiter ist

$$c = f(e_1) = f(e_1e_1) = e_1f(e_1) = e_1c$$

und somit ist $c = e_1ce_2$. Da f nicht die Nullabbildung ist, ist $e_1xe_2 \neq 0$ für $x = c$. Ein Beweis für die Rückrichtung „⇐" befindet sich bei [Tun85], S. 311. □

4.3 Young-Diagramme

In Abschnitt 4.1 haben wir gesehen, dass wir jeder Permutation $\sigma \in S_n$ eine Partition λ zuordnen können. Diese lässt sich mittels eines *Young-Diagramms*[2] graphisch darstellen.

Definition 4.3.1. ([Ful99], S. 1)
Ein *Young-Diagramm* oder *Young-Rahmen* ist eine Ansammlung von Kästchen, welche in linksbündigen Reihen angeordnet sind, wobei sich in jeder Reihe mindestens so viele Kästchen befinden, wie in der Reihe darunter.

---

[2] Benannt nach Alfred Young [1873–1940]

Beispiel 4.3.2.

Wir können jeder Partition λ ein Young-Diagramm zuordnen. Für $\lambda = (3, 2, 1)$ hat das zugehörige Young-Diagramm die Form

Der Zweck, warum wir anstelle der Partition ein solches Diagramm zeichnen, ist es, die Kästchen zu füllen.

Definition 4.3.3. ([Ful99], S. 1–2, 83)

Eine *Nummerierung* oder ein *Tableau* ist ein Young-Diagramm mit n Kästchen, welches so nummeriert wird, dass die Zahlen 1 bis n alle genau einmal vorkommen. Ein *Standard-Tableau* ist ein Tableau, in welchem die Nummerierung in den Zeilen von links nach rechts und in den Spalten von oben nach unten zunimmt. Wir sagen, dass ein Tableau T von der *Form* λ ist, bzw. zu dem *Rahmen* λ gehört, falls λ die zugehörige Partition ist.

Beispiel 4.3.4.

Für die Partition $\lambda = (3, 2, 1)$ ist

$$\begin{array}{|c|c|c|}\hline 6 & 5 & 2 \\\hline 3 & 1 \\\cline{1-2} 4 \\\cline{1-1}\end{array} \quad \text{und} \quad \begin{array}{|c|c|c|}\hline 1 & 3 & 5 \\\hline 2 & 6 \\\cline{1-2} 4 \\\cline{1-1}\end{array} .$$

Tableau   Standard-Tableau

Wir können auf der Menge aller Tableaus mit n Kästchen eine Ordnungsrelation definieren.

Definition 4.3.5. ([Ful99], S. 84–85)

Sind T und T' zwei Tableaus, so ist $T' > T$, falls eine der folgenden Aussagen zutrifft:

(1) Die Form von T' ist größer als die Form von T bezüglich der lexikographischen Ordnung.

(2) T' und T sind von derselben Form und der größte Eintrag, der sich in seiner Position in den beiden Diagrammen unterscheidet, taucht, wenn man die Diagramme spaltenweise durchläuft (von oben nach unten, von links nach rechts), früher bei T' auf als bei T.

Beispiel 4.3.6.

Die folgenden Young-Diagramme mit fünf Kästchen sind lexikographisch geordnet:

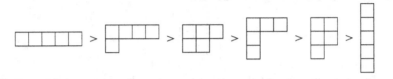

Beispiel 4.3.7.

Die oben beschriebene Ordnungsrelation bringt die Standard-Tableaus der Form (3,2) in folgende Ordnung:

$$
\begin{array}{|c|c|c|}\hline 1&2&3\\\hline 4&5\\\cline{1-2}\end{array} >
\begin{array}{|c|c|c|}\hline 1&2&4\\\hline 3&5\\\cline{1-2}\end{array} >
\begin{array}{|c|c|c|}\hline 1&3&4\\\hline 2&5\\\cline{1-2}\end{array} >
\begin{array}{|c|c|c|}\hline 1&2&5\\\hline 3&4\\\cline{1-2}\end{array} >
\begin{array}{|c|c|c|}\hline 1&3&5\\\hline 2&4\\\cline{1-2}\end{array}
$$

Wir können eine Gruppenwirkung der Symmetrischen Gruppe S_n auf der Menge solcher Tableaus definieren:

Definition 4.3.8.

Sei $\sigma \in S_n$ und T ein Tableau mit n Kästchen. Dann ordnen wir $\sigma \cdot T$ das Tableau zu, bei welchem sich der Eintrag $\sigma(i)$ in dem Kästchen befindet, wobei T der Eintrag i ist.

Wir wollen uns ein Beispiel anschauen, um diese Definition zu verdeutlichen:

Beispiel 4.3.9.

Wir betrachten die Permutation $\sigma = (1, 3)(4, 2, 6) \in S_6$ und das Tableau

$$
T = \begin{array}{|c|c|c|}\hline 6&2&3\\\hline 1&5\\\cline{1-2} 4\\\cline{1-1}\end{array}\,,
$$

welches aus sechs Kästchen besteht. Dann ist die Wirkung der Permutation σ auf dem Tableau T durch

$$
\sigma \cdot T = \begin{array}{|c|c|c|}\hline 4&6&1\\\hline 3&5\\\cline{1-2} 2\\\cline{1-1}\end{array}
$$

gegeben.

Wir betrachten nun zwei für uns sehr nützliche Untergruppen der S_n.

Definition 4.3.10. ([FH04], S. 46 ; [Ful99], S. 84)
Zu einem gegebenen Tableau T sind

$$P = P_T := \{g \in S_n \mid g \text{ führt die Zahlen jeder Reihe in sich über}\}$$

und

$$Q = Q_T := \{g \in S_n \mid g \text{ führt die Zahlen jeder Spalte in sich über}\}$$

Untergruppen von S_n[3]. Wir nennen P auch die *Reihengruppe* und Q die *Spaltengruppe*.

Wir schauen uns hierzu ein einfaches Beispiel an:

Beispiel 4.3.11.
Wir betrachten das Tableau

$$T = \begin{array}{|c|c|} \hline 1 & 3 \\ \hline 2 \\ \cline{1-1} \end{array}.$$

Dann sind die Untergruppen P_T und S_T durch

$$P_T = \{\text{id}, (1,3)\} \quad \text{und} \quad Q_T = \{\text{id}, (1,2)\}$$

gegeben.

Bemerkung 4.3.12.
Eine wichtige Eigenschaft der Untergruppen P und Q ist es, dass

$$p \cdot T \geq T \quad \text{und} \quad q \cdot T \leq T$$

für alle $p \in P$, $q \in Q$ und jedes Standard-Tableau T. Dies folgt direkt aus der Definition der Ordnungsrelation und der Eigenschaft, dass die Nummerierung auf einem Standard-Tableau zeilen- und spaltenweise ansteigt. So wird der größte Eintrag von T, welcher von p bewegt wird, nach links bewegt und der größte Eintrag, welcher von q bewegt wird, nach oben bewegt.

Die folgenden zwei Lemmata werden uns später beim Zeigen weiterer Aussagen sehr nützlich sein.

---

[3] Wenn es im Kontext klar ist, welches das entsprechende Tableau T ist, werden die unteren Indizes weggelassen und wir schreiben einfach P und Q.

Lemma 4.3.13. ([Ful99], S. 84)
Sind T und T' Tableaus derselben Form, dann ist genau eine der beiden folgenden Aussagen wahr:

(1) *Es gibt zwei verschiedene natürliche Zahlen, welche in einer Zeile von T' und in einer Spalte von T vorkommen.*

(2) *Es gibt ein $p' \in P_{T'}$ und ein $q \in Q_T$, sodass $p' \cdot T' = q \cdot T$.*

Beweis. Es ist klar, dass wenn (1) stimmt, (2) nicht stimmen kann. Wir zeigen also, dass wenn (1) nicht wahr ist, dass dann (2) gilt. Nehmen wir also an, es gibt keine zwei natürlichen Zahlen mit der gewünschten Eigenschaft. Dann kommen alle Einträge der ersten Zeile von T' in unterschiedlichen Spalten von T vor. Es gibt also ein $q_1 \in Q_T$, sodass sich in der ersten Zeile von $q_1 \cdot T$ die gleichen Nummern befinden wie in der ersten Zeile von T'. Dies lässt sich für alle Zeilen wiederholen, sodass wir schließlich $q_1, \ldots, q_k \in Q_T$ finden, wobei in jeder Zeile von $q_k \cdot \ldots \cdot q_1 \cdot T$ jeweils die gleichen Einträge vorkommen wie in der entsprechenden Zeile von T'. Setzen wir $q := q_k \cdot \ldots \cdot q_1 \in Q_T$, so gibt es also ein $p' \in P_{T'}$ mit $q \cdot T = p' \cdot T'$. $\square$

Wir wollen uns für beide Fälle des obigen Lemmas ein kurzes Beispiel anschauen:

Beispiel 4.3.14.
Wir betrachten die beiden Tableaus

$$T = \begin{array}{|c|c|c|} \hline 6 & 3 & 5 \\ \hline 1 & 2 \\ \cline{1-2} 4 \\ \cline{1-1} \end{array} \quad \text{und} \quad T' = \begin{array}{|c|c|c|} \hline 4 & 1 & 2 \\ \hline 5 & 3 \\ \cline{1-2} 6 \\ \cline{1-1} \end{array}$$

zu der Partition $\lambda = (3, 2, 1)$. Hier befinden wir uns in Fall (1) des obigen Lemmas. Die Zahlen 1 und 4 kommen bei T' in der ersten Zeile und bei T in der ersten Spalte vor. Es ist auch klar, dass es kein $q \in Q_T$ gibt, sodass sich bei $q \cdot Q_T$ sowohl die 1, als auch die 4 in der ersten Zeile befinden. Somit trifft Aussage (2) des obigen Lemmas nicht zu.

Wir betrachten zwei andere Tableaus

$$T = \begin{array}{|c|c|c|} \hline 2 & 6 & 4 \\ \hline 1 & 3 \\ \cline{1-2} 5 \\ \cline{1-1} \end{array} \quad \text{und} \quad T' = \begin{array}{|c|c|c|} \hline 2 & 3 & 4 \\ \hline 6 & 5 \\ \cline{1-2} 1 \\ \cline{1-1} \end{array} .$$

Hier gibt es keine zwei Zahlen, welche in einer Zeile von T' und einer Spalte von T vorkommen. Allerdings können wir $p' = (5, 6) \in P_{T'}$ und $q = (3, 6)(1, 5) \in Q_T$ wählen, sodass

$$p' \cdot T' = \begin{array}{|c|c|c|} \hline 2 & 3 & 4 \\ \hline 5 & 6 \\ \cline{1-2} 1 \\ \cline{1-1} \end{array} = q \cdot T$$

gilt.

Lemma 4.3.15. ([Ful99], S. 85)
Sind T und T' Standard-Tableaus mit $T' > T$, dann gibt es zwei natürliche Zahlen, welche in einer Zeile von T' und in einer Spalte von T vorkommen.

Beweis. Wir betrachten zunächst den Fall, dass der Rahmen von T' bezüglich der lexikographischen Ordnung größer ist, als der Rahmen von T. Betrachte die erste Zeile, in welcher T' mehr Kästchen hat als T. Die einzige Möglichkeit, dass die Nummern in dieser Zeile von T' alle in unterschiedlichen Spalten von T vorkommen, besteht darin, dass mindestens eine Nummer in einer höheren Zeile von T vorkommt. Betrachte nun die höchste Zeile von T, in der ein solcher Eintrag vorliegt. Da in dieser Zeile nun mindestens ein Kästchen von T schon besetzt ist, sind wir in der exakt selben Situation wie eben. Da es nur endlich viele Zeilen über unserer ursprünglich gewählten Zeile gibt, lässt sich das Verfahren nicht beliebig fortführen und wir erhalten zwei Einträge innerhalb einer Spalte von T, welche innerhalb einer Zeile von T' vorkommen.
Seien nun also T' und T von derselben Form. Angenommen, es gibt keine zwei natürlichen Zahlen mit der gewünschten Eigenschaft, dann folgt mit Lemma 4.3.13, dass es ein $p' \in P_{T'}$ und ein $q \in Q_T$ gibt mit $p' \cdot T' = q \cdot T$. Mit Bemerkung 4.3.12 folgt, dass $q \cdot T \leq T$ und $p' \cdot T' \geq T'$ im Widerspruch zur Annahme, dass $T' > T$. $\square$

4.4 Young-Symmetrisierer

Wir wollen nun in der Gruppenalgebra $\mathbb{C}[S_n]$ passende Elemente zu den beiden Untergruppen P und Q aus Definition 4.3.10 einführen.

Definition 4.4.1. ([Ful99], S. 86; [FH04], S. 46)
Sei T ein Tableau mit n Kästchen, dann sind die Elemente $a_T, b_T \in \mathbb{C}[S_n]$ durch die Formeln

$$a_T = \sum_{p \in P} \mathbf{p} \quad \text{und} \quad b_T = \sum_{q \in Q} \text{sgn}(q)\mathbf{q}$$

definiert[4]. Diese beiden Elemente und das Produkt

$$c_T = a_T \cdot b_T$$

heißen *Young-Symmetrisierer*.

Wir wollen uns ein einfaches Beispiel anschauen:

Beispiel 4.4.2.
Wir betrachten wie bereits in Beispiel 4.3.11 das Tableau

$$T = \begin{array}{|c|c|}\hline 1 & 3 \\\hline 2 \\\cline{1-1}\end{array}.$$

Dann sind
$$a_T = \mathbf{id} + (1,3) \quad \text{und} \quad b_T = \mathbf{id} - (1,2).$$

Der Young-Symmetrisierer c_T berechnet sich dann zu

$$c_T = a_T \cdot b_T = \big(\mathbf{id} + (1,3)\big) \cdot \big(\mathbf{id} - (1,2)\big) = \mathbf{id} - (1,2) + (1,3) - (1,2,3).$$

Bemerkung 4.4.3. ([FH04], S.53)
Für ein Tableau T ist $P \cap Q = \{1\}$. Somit lässt sich ein Element aus S_n höchstens auf eine Weise als Produkt $p \cdot q$ schreiben, wobei $p \in P$ und $q \in Q$. Somit ist $c_T = \sum_{g=p\cdot q} \text{sgn}(q)\mathbf{g}$ die Summe über alle g, welche als $p \cdot q$ geschrieben werden können mit Koeffizient $\text{sgn}(q)$.

Im Folgenden werden wir ein paar wichtige Eigenschaften von diesen drei Young-Symmetrisierern herausstellen.

Lemma 4.4.4. ([FH04], S. 53)

(1) *Für alle $p \in P_T$ ist $p \cdot a_T = a_T \cdot p = a_T$.*
(2) *Für alle $q \in Q_T$ ist $(\text{sgn}(q)q) \cdot b_T = b_T \cdot (\text{sgn}(q)q) = b_T$.*
(3) *Für alle $p \in P_T$, $q \in Q_T$ ist $p \cdot c_T \cdot (\text{sgn}(q)q) = c_T$ und bis auf skalare Vielfache ist c_T das einzige Element mit dieser Eigenschaft in $\mathbb{C}[S_n]$.*

---

[4] Wie in den vorherigen Abschnitten werden die Vektoren der Gruppenalgebra fettgedruckt.

Beweis. Zu (1): Es ist für $p \in P_T$

$$p \cdot a_T = p \cdot \sum_{p' \in P} \mathbf{p}' = \sum_{p' \in P} \mathbf{pp}' = \sum_{p' \in P} \mathbf{p}' = a_T,$$

da P_T eine Untergruppe von S_n ist und somit auch pp' alle Elemente von P_T durchläuft. Analog folgt $a_T \cdot p = a_T$.

Zu (2): Für $\sigma_1, \sigma_2 \in S_n$ ist $\mathrm{sgn}(\sigma_1\sigma_2) = \mathrm{sgn}(\sigma_1) \cdot \mathrm{sgn}(\sigma_2)$. Es folgt

$$(\mathrm{sgn}(q)q) \cdot b_T = (\mathrm{sgn}(q)q) \cdot \sum_{q' \in Q} \mathrm{sgn}(q')\mathbf{q}' = \sum_{q' \in Q} \mathrm{sgn}(qq')\mathbf{qq}' = \sum_{q' \in Q} \mathrm{sgn}(q')\mathbf{q}' = b_T,$$

da Q_T eine Untergruppe von S_n ist und somit auch qq' alle Elemente von Q_T durchläuft. Analog folgt $b_T \cdot (\mathrm{sgn}(q)q) = b_T$.

Zu (3): Aus (1) und (2) folgt sofort, dass

$$p \cdot c_T \cdot (\mathrm{sgn}(q)q) = p \cdot a_T \cdot b_T \cdot (\mathrm{sgn}(q)q) = a_T \cdot b_T = c_T$$

für alle $p \in P_T$, $q \in Q_T$. Es bleibt also zu zeigen, dass c_T bis auf skalare Vielfache das einzige Element in $\mathbb{C}[S_n]$ mit dieser Eigenschaft ist. Angenommen es gibt ein weiteres Element $\sum_{g \in S_n} n_g \mathbf{g} \in \mathbb{C}[S_n]$ mit dieser Eigenschaft. Dann gilt also

$$p \cdot \left(\sum_{g \in S_n} n_g \mathbf{g} \right) \cdot (\mathrm{sgn}(q)q) = \sum_{g \in S_n} n_g \cdot \mathrm{sgn}(q)\mathbf{pgq} = \sum_{g \in S_n} n_g \mathbf{g} = \sum_{pgq \in S_n} n_{pgq}\mathbf{pgq}.$$

Durch einen Koeffizientenvergleich folgt, dass $n_g \cdot \mathrm{sgn}(q) = n_{pgq}$ für alle p, q, g. Insbesondere ist $n_{pq} = \mathrm{sgn}(q)n_e$. Somit reicht es zu zeigen, dass $n_g = 0$, falls $g \notin P_T Q_T$. Betrachte ein solches g und setze $T' = g \cdot T$. Angenommen, es gibt ein $p \in P_T$ und ein $q' \in Q_{T'}$ mit $p \cdot T = q' \cdot T'$, dann folgt, dass $p \cdot T = q' \cdot g \cdot T'$. Also ist $p = q'g$ und somit $g = pq$ für $q = g^{-1}q'^{-1}g \in Q_T$ im Widerspruch zur Annahme, dass $g \notin P_T Q_T$. Nach Lemma 4.3.13 gibt es also zwei natürliche Zahlen, welche in einer Zeile von T und einer Spalte von T' vorkommen. Sei t die Transposition, welche diese beiden Zahlen vertauscht. Dann ist $p = t \in P_T$ und $q = g^{-1}tg \in Q_T$. Es folgt, dass $g = pgq$ und somit ist

$$n_g = n_{pgq} = n_g \cdot \text{sgn}(q) = n_g \cdot \text{sgn}(t) = -n_g$$

für alle $g \notin P_T Q_T$.   □

Lemma 4.4.5. ([FH04], S. 53)

(1) *Sind T' und T Standard-Tableaus mit $T' \geq T$, so ist $c_T \cdot c_{T'} = 0$.*
(2) *Für ein Tableau T ist $c_T \cdot x \cdot c_T$ ein skalares Vielfaches von c_T für alle $x \in \mathbb{C}[S_n]$.*
     Insbesondere ist $c_T \cdot c_T = n_T \cdot c_T$ für ein $n_T \in \mathbb{C}$.

Beweis. Zu (1): Nach Lemma 4.3.15 gibt es zwei natürliche Zahlen, welche in einer Zeile von T' und in einer Spalte von T vorkommen. Sei t die Transposition dieser beiden Zahlen, dann ist $t \in P_{T'}$ und $t \in Q_T$. Nach Lemma 4.4.4 ist weiter $t \cdot a_{T'} = a_{T'}$ und $b_T \cdot t = -b_T$. Also ist $b_T \cdot a_{T'} = b_T \cdot t \cdot t \cdot a_{T'} = -b_T \cdot a_{T'}$. Folglich ist

$$c_T \cdot c_{T'} = (a_T \cdot b_T) \cdot (a_{T'} \cdot b_{T'}) = a_T \cdot \underbrace{(b_T \cdot a_{T'})}_{=0} \cdot b_{T'} = 0.$$

Zu (2): Für $p \in P_T$ und $q \in Q_T$ ist nach Lemma 4.4.4 (1) und (2)

$$p \cdot (c_T \cdot x \cdot c_T) \cdot (\text{sgn}(q)q) = p \cdot a_T \cdot b_T \cdot x \cdot a_T \cdot b_T \cdot (\text{sgn}(q)q) = a_T \cdot b_T \cdot x \cdot a_T \cdot b_T = c_T \cdot x \cdot c_T.$$

Mit Lemma 4.4.4 (3) folgt die Behauptung.   □

Lemma 4.4.6. ([Mil72], S.125)
Sei T ein Tableau. Die Teildarstellung der linksregulären Darstellung ρ_L auf dem Unterraum $\mathbb{C}[S_n]c_T$ ist irreduzibel.

Beweis. Nach Lemma 4.4.5 ist c_T per Definition wesentlich idempotent. Weiter ist c_T nach Satz 4.2.2 primitiv. Nach Satz 4.2.4 ist somit die Teildarstellung von ρ_L auf $\mathbb{C}[S_n]c_T$ irreduzibel.   □

Lemma 4.4.7. ([Mil72], S. 125)
Für Tableaus von der gleichen Form sind die Teildarstellungen auf $\mathbb{C}[S_n]c_T$ äquivalent, für Tableaus von unterschiedlicher Form sind sie nicht äquivalent.

Beweis. Sei T ein Tableau der Form λ und T' ein Tableau von einer anderen Form λ'. Sei weiter ohne Beschränkung der Allgemeinheit $\lambda > \lambda'$. Nach Satz 4.2.6 sind die durch T und T' bestimmten Darstellungen nicht äquivalent, falls $c_{T'} x c_T = 0$ für alle $x \in \mathbb{C}[S_n]$. Aus Lemma 4.4.5 (1) wissen wir, dass $c_{T'} c_T = 0$. Weiter ist σT von derselben Form wie T für alle $\sigma \in S_n$. Folglich ist $c_{T'} c_{\sigma T} = c_{T'} \sigma c_T \sigma^{-1} = 0$ und somit $c_{T'} \sigma c_T = 0$ für alle $\sigma \in S_n$. Also ist $c_{T'} x c_T = \sum_{\sigma \in S_n} n_\sigma c_{T'} \sigma c_T = 0$ für alle $x \in \mathbb{C}[S_n]$.

Sind umgekehrt T und T' von derselben Form, so ist $T' = sT$ für ein $s \in S_n$ und $c_{T'} = s c_T s^{-1}$. Somit ist $c_{T'} s c_T = (s c_T s^{-1}) s c_T = s c_T^2 = \lambda s c_T \neq 0$, da $\lambda c \neq 0$. Mit Satz 4.2.6 folgt die Behauptung. $\qquad\square$

Korollar 4.4.8.
Der Young-Symmetrisierer c_T ist wesentlich idempotent und der invariante Unterraum $\mathbb{C}[S_n] c_T$ bestimmt eine irreduzible Darstellung der Gruppe S_n. Hierbei sind Darstellungen, welche durch unterschiedliche Tableaus mit gleichem Rahmen bestimmt sind, äquivalent, wohingegen solche, welche durch Tableaus mit unterschiedlichen Rahmen bestimmt sind, nicht äquivalent sind.

Wir erinnern uns, dass nach Satz 4.1.10 die Anzahl der nicht äquivalenten irreduziblen Darstellungen der S_n der Anzahl von Partitionen λ von n entspricht. Folglich können wir mit dem Young-Symmetrisierer c_T alle irreduziblen Darstellungen konstruieren. Da es $n!$ verschiedene Tableaus mit gleichem Rahmen λ gibt, können wir nach dem obigen Korollar $n!$ invariante Unterräume der Form $\mathbb{C}[S_n] c_T$ konstruieren, auf welchen die Teildarstellungen von ρ_L irreduzibel und paarweise äquivalent sind. Diese Unterräume sind aber nicht zwingend alle linear unabhängig. Es stellt sich heraus, dass hier ein Zusammenhang zu den Standardtableaus besteht.

Satz 4.4.9. ([Mil72], S. 127)
Sei T ein Tableau der Form λ. Die Multiplizität der durch $\mathbb{C}[S_n] c_T$ bestimmten irreduziblen Darstellung ist gleich der Dimension f der Darstellung, welche gleich der Anzahl an Standardtableaus $T_1, \ldots, T_f$ mit zugehörigem Rahmen λ ist.

Beweis. [Mil72], Abschnitt 4.4. $\qquad\square$

Wir können also von den $n!$ verschiedenen Unterräumen der Form $\mathbb{C}[S_n] c_T$ für ein Tableau T genau f auswählen, sodass diese als gemeinsames Element nur die Null enthalten. Der folgende Satz verrät uns, welche von den $n!$ verschiedenen Unterräumen wir wählen können.

Satz 4.4.10.
Seien $T_1, \ldots, T_f$ die Standardtableaus zu einem Rahmen λ. Dann ist

$$\bigcap_{i=1}^{f} \mathbb{C}[S_n]c_{T_i} = 0$$

und somit

$$\mathbb{C}[S_n]c_T \subseteq \mathbb{C}[S_n]c_{T_1} \oplus \ldots \oplus \mathbb{C}[S_n]c_{T_f}$$

für alle Tableaus T mit zugehörigem Rahmen λ.

Beweis. Sei ohne Einschränkung $T_1 > T_2 > \ldots > T_f$. Nach Satz 4.4.9 reicht es zu zeigen, dass für

$$x_1c_1 + x_2c_2 + \ldots + x_fc_f = 0, \quad x_i \in \mathbb{C}[S_n],$$

folgt, dass jeder Term $x_ic_i = 0$. Multiplizieren wir von rechts mit c_1, so folgt mit Lemma 4.4.5 (1), dass $c_ic_1 = 0$ für alle $i > 1$. Folglich ist $x_1c_1^2 = nx_1c_1 = 0$, wobei $n \neq 0$. Jetzt wiederholen wir das Verfahren und multiplizieren c_2 von rechts, wobei wir $x_2c_2 = 0$ erhalten. Fahren wir auf diese Weise fort, folgt schließlich $x_1c_1 = x_2c_2 = \ldots = x_fc_f = 0$.   □

Jetzt können wir die Gruppenalgebra der S_n in eine direkte Summe von Unterräumen zerlegen, auf welchen die Teildarstellungen der linksregulären Darstellung ρ_L irreduzibel sind.

Korollar 4.4.11.
Die Gruppenalgebra $\mathbb{C}[S_n]$ ist die direkte Summe

$$\mathbb{C}[S_n] = \bigoplus_{T_i} \mathbb{C}[S_n]c_{T_i},$$

mit $T_i \in \{T \mid T$ ist ein Standardtableau zu einer Partition λ von n\}. Die Teildarstellungen der linksregulären Darstellung ρ_L sind irreduzibel auf $\mathbb{C}[S_n]c_{T_i}$ für alle T_i.

In Lemma 4.4.5 (2) haben wir gesehen, dass $c_T \cdot c_T = n_T c_T$ für ein $n_T \in \mathbb{C}$ für jedes Tableau T. Wir wollen nun diesen Faktor n_T bestimmen.

Lemma 4.4.12. ([FH04], S. 54; [Mil72], S. 127)
Sei T ein Tableau mit n Kästchen und zugehörigem Rahmen λ. Dann ist

$$c_T \cdot c_T = n_T \cdot c_T = \frac{n!}{f} c_T,$$

wobei f der Anzahl an verschiedenen Standardtableaus der Form λ entspricht.

Beweis. Wir betrachten die lineare Abbildung

$$\psi : \mathbb{C}[S_n] \longrightarrow \mathbb{C}[S_n]$$
$$x \longmapsto x c_T.$$

Wir wollen nun die Spur von ψ bezüglich der Standardbasis $\{\mathbf{g}_1, \mathbf{g}_2, \ldots, \mathbf{g}_{n!}\}$ mit $g_i \in S_n$ berechnen. Im Folgenden bezeichnet $c_T(g) \in \mathbb{C}$ den Koeffizienten vor $\mathbf{g}$, sodass

$$c_T = \sum_{g \in S_n} c_T(g) \mathbf{g}.$$

Auf der anderen Seite ist

$$c_T = \sum_{p \in P_T, q \in Q_T} \mathrm{sgn}(q) \mathbf{pq}.$$

Dies können wir ausnutzen, um die Koeffizienten $\left[\psi(\mathbf{g})\right](g)$ zu berechnen. Es ist

$$\left[\psi(\mathbf{g})\right](g) = \left[\mathbf{g}c_T\right](g) = c_T(e) = 1$$

für alle $g \in S_n$, wobei mit $e \in S_n$ das neutrale Element bezeichnet ist. Somit ist die Spur der Darstellungsmatrix von ψ durch

$$\mathrm{spur}\, \psi = n!$$

gegeben. Nach Satz 4.4.9 entspricht die Dimension von $\mathbb{C}[S_n]c_T$ der Anzahl verschiedener Standardtableaus der Form λ. Wir wollen nun erneut die Spur von ψ berechnen, aber diesmal bezüglich der Basis $\{v_1, v_2, \ldots, v_{n!}\}$, wobei $\{v_1, v_2, \ldots, v_f\}$ eine Basis für den f-dimensionalen Unterraum $\mathbb{C}[S_n]c_T$ bildet. Sei $x = yc_T \in \mathbb{C}[S_n]c_T$ für ein $y \in \mathbb{C}[S_n]$. Dann ist

$$\psi(x) = x \cdot c_T = y \cdot c_T \cdot c_T = n_T \cdot y \cdot c_T = n_T \cdot x.$$

Folglich ist $\psi(v_i) = n_T \cdot v_i$ für $1 \leq i \leq f$. Weiter ist $v_i \notin \mathbb{C}[S_n]c_T$ für $f + 1 \leq i \leq n!$ und $\psi(v_i) \in \mathbb{C}[S_n]c_T$ für alle i. Somit ist die Spur der Darstellungsmatrix von ψ bezüglich dieser Basis gegeben durch

$$\text{spur } \psi = n_T \cdot f.$$

Da die Spur einer Matrix invariant bezüglich eines Basiswechsels ist, können wir die beiden Ergebnisse gleichsetzen. Somit folgt schließlich

$$n_T \cdot f = n!$$
$$\Rightarrow \quad n_T = \frac{n!}{f}$$

$\square$

4.5   Darstellungen auf dem Tensorprodukt

Sei V ein m-dimensionaler komplexer Vektorraum. Wir betrachten das n-fache Tensorprodukt

$$Z := \underbrace{V \otimes \ldots \otimes V}_{n \text{ Faktoren}}$$

von V. Wir erinnern uns, dass falls $\{b_j; 1 \leq j \leq m\}$ eine Basis von V ist, sich jedes Element $z \in Z$ eindeutig in der Form

$$z = \sum \xi_{i_1 \ldots i_n} b_{i_1} \otimes \ldots \otimes b_{i_n}$$

darstellen lässt, wobei $\xi_{i_1 \ldots i_n} \in \mathbb{C}$ und über alle n-Tupel $(i_1, \ldots, i_n)$ mit $1 \leq i_k \leq m$ summiert wird.

Lemma 4.5.1.
Sei $\sigma \in S_n$, dann ist $\varphi_\sigma : Z \to Z$ mit

$$\varphi_\sigma(z) = \varphi_\sigma \left(\sum \xi_{i_1 \ldots i_n} b_{i_1} \otimes \ldots \otimes b_{i_n} \right) := \sum \xi_{(i_{\sigma(1)} \ldots i_{\sigma(n)})} b_{i_1} \otimes \ldots \otimes b_{i_n}$$

ein linearer Operator und

$$\rho_\varphi : S_n \longrightarrow \mathrm{GL}(Z)$$

$$\sigma \longmapsto \varphi_\sigma$$

ist eine Darstellung der symmetrischen Gruppe S_n auf Z.

Beweisskizze. Die Eigenschaften eines linearen Operators sind schnell einsehbar und können leicht nachgerechnet werden. Wir wollen zeigen, dass es sich bei ρ_φ tatsächlich um eine Darstellung der Symmetrischen Gruppe S_n auf Z handelt. Seien $\sigma_1, \sigma_2 \in S_n$. Dann ist

$$
\begin{aligned}
\varphi_{\sigma_1 \cdot \sigma_2}(z) &= \varphi_{\sigma_1 \cdot \sigma_2} \left(\sum \xi_{i_1 \dots i_n} b_{i_1} \otimes \dots \otimes b_{i_n} \right) \\
&= \sum \xi_{i_{\sigma_1(\sigma_2(1))} \dots i_{\sigma_1(\sigma_2(n))}} b_{i_1} \otimes \dots \otimes b_{i_n} \\
&= \varphi_{\sigma_1} \left(\sum \xi_{i_{\sigma_2(1)} \dots i_{\sigma_2(n)}} b_{i_1} \otimes \dots \otimes b_{i_n} \right) \\
&= \varphi_{\sigma_1} \varphi_{\sigma_2}(z)
\end{aligned}
$$

für alle $z \in Z$. Somit besitzt φ_σ für jedes $\sigma \in S_n$ das Inverse

$$\varphi_\sigma^{-1} = \varphi_{\sigma^{-1}}.$$

Also ist $\varphi_\sigma \in \mathrm{GL}(Z)$ und ρ_φ ein Gruppenhomomorphismus. $\qquad\square$

Beispiel 4.5.2.
Wir betrachten einen zweidimensionalen komplexen Vektorraum $V = \mathbb{C}^2$ mit der Basis $\mathcal{B} = \{b_1, b_2\}$ und bilden das dreifache Tensorprodukt

$$Z = V \otimes V \otimes V.$$

Es sei

$$z = \sum \xi_{i_1 i_2 i_3} b_{i_1} \otimes b_{i_2} \otimes b_{i_3} := b_1 \otimes b_2 \otimes b_1 \in Z.$$

Also ist $\xi_{121} = 1$ und alle anderen $\xi_{i_1 i_2 i_3} = 0$. Sei nun $\sigma = (1, 2) \in S_3$. Dann ist

$$\varphi_\sigma(z) = \sum \xi_{i_{\sigma(1)} i_{\sigma(2)} i_{\sigma(3)}} b_{i_1} \otimes b_{i_2} \otimes b_{i_3} = \sum \xi_{i_2 i_1 i_3} b_{i_1} \otimes b_{i_2} \otimes b_{i_3} = b_2 \otimes b_1 \otimes b_1.$$

Anschaulich gesprochen vertauscht φ_σ also die Einträge an den Positionen 1 und 2 des Tensorprodukts.

Wir haben also eine Gruppenwirkung der Symmetrischen Gruppe S_n auf dem Tensorproduktraum Z. Wir wollen nun unsere Erkenntnisse über die Symmetrische Gruppe und ihre Darstellungen aus dem vorherigen Abschnitt verwenden, um analoge Aussagen für den Tensorproduktraum Z zu finden. Als Analogon zu dem Young-Symmetrisierer c_{T_i} betrachten wir auf Z den *Young-Operator*.

Definition 4.5.3.
Sei T ein Standardtableau zu einer Partition λ von n. Dann ist

$$P_T := \frac{g_T}{n!} \left(\sum_{p \in P} \varphi_p \right) \left(\sum_{q \in Q} \operatorname{sgn}(q) \varphi_q \right) .$$

der zugehörige *Young-Operator*. Hierbei entspricht g_T der Anzahl an Standardtableaus der Form λ.

Bemerkung 4.5.4.
Aufgrund der Definition haben die Young-Operatoren P_T die gleichen Eigenschaften wie die Young-Symmetrisierer c_T. Insbesondere ist der Vorfaktor $\frac{g_T}{n!}$ so gewählt, dass mit Lemma 4.4.12 folgt, dass

$$P_T^2 = P_T.$$

Beispiel 4.5.5.
Wir betrachten alle Standard-Tableaus mit drei Kästchen:

$$T_1 = \boxed{1\,2\,3} \qquad\qquad\qquad\qquad g_{T_1} = 1$$

$$T_2 = \boxed{\begin{smallmatrix}1&2\\3&\end{smallmatrix}} \quad T_3 = \boxed{\begin{smallmatrix}1&3\\2&\end{smallmatrix}} \qquad\qquad g_{T_2} = g_{T_3} = 2$$

$$T_4 = \boxed{\begin{smallmatrix}1\\2\\3\end{smallmatrix}} \qquad\qquad\qquad\qquad g_{T_4} = 1$$

Die zugehörigen Young-Operatoren sind dann durch

$$P_{T_1} = \frac{1}{6}(\varphi_{\text{id}} + \varphi_{(1,2)} + \varphi_{(2,3)} + \varphi_{(1,3)} + \varphi_{(1,2,3)} + \varphi_{(1,3,2)}),$$

$$P_{T_2} = \frac{1}{3}(\varphi_{\text{id}} + \varphi_{(1,2)})(\varphi_{\text{id}} - \varphi_{(1,3)})$$

$$= \frac{1}{3}(\varphi_{\text{id}} - \varphi_{(1,3)} + \varphi_{(1,2)} - \varphi_{(1,3,2)}),$$

$$P_{T_3} = \frac{1}{3}(\varphi_{\text{id}} + \varphi_{(1,3)})(\varphi_{\text{id}} - \varphi_{(1,2)})$$

$$= \frac{1}{3}(\varphi_{\text{id}} - \varphi_{(1,2)} + \varphi_{(1,3)} - \varphi_{(1,2,3)}),$$

$$P_{T_4} = \frac{1}{6}(\varphi_{\text{id}} - \varphi_{(1,2)} - \varphi_{(2,3)} - \varphi_{(1,3)} + \varphi_{(1,2,3)} + \varphi_{(1,3,2)})$$

gegeben.

Wir wollen nun unser Wissen aus dem vorherigen Abschnitt auf die Young-Operatoren übertragen. Genau wie der Young-Symmetrisierer c_T, liefert uns der Young-Operator P_T durch $P_T(Z)$ einen Unterraum von Z, auf welchem die Teildarstellung von ρ_φ irreduzibel ist. Weiter lässt sich Z analog zur Gruppenalgebra in Korollar 4.4.11 in eine direkte Summe zerlegen. Wir können also ein analoges Korollar formulieren[5]:

Korollar 4.5.6.
Für einen endlichdimensionalen komplexen Vektorraum V ist das n-fache Tensorprodukt $Z = V \otimes \ldots \otimes V$ die direkte Summe

$$Z = \bigoplus_{T_i} P_{T_i}(Z),$$

mit $T_i \in \{T \mid T \text{ ist ein Standardtableau zu einer Partition } \lambda \text{ von } n\}$. Die Teildarstellungen der Darstellung ρ_φ sind irreduzibel auf $P_{T_i}(Z)$ für alle T_i.

Beispiel 4.5.7.
Sei V ein endlichdimensionaler komplexer Vektorraum und

$$Z = V \otimes V \otimes V$$

---

[5] Die Übertragung der Ergebnisse aus dem vorherigen Abschnitt erfolgt hier ohne einen mathematisch präzisen Beweis. Eine entsprechende Betrachtung befindet sich bei [Tun85] und [Mil72].

das dreifache Tensorprodukt. Weiter sei

$$z = \sum \xi_{ijk} b_i \otimes b_j \otimes b_k \in Z$$

beliebig[6]. Mit dem obigen Korollar und den Young-Operatoren aus Beispiel 4.5.5 lässt sich z zerlegen in

$$z = P_{T_1}(z) + P_{T_2}(z) + P_{T_3}(z) + P_{T_4}(z)$$

$$= \frac{1}{6} \underbrace{(\xi_{ijk} + \xi_{jik} + \xi_{ikj} + \xi_{kji} + \xi_{jki} + \xi_{kij})}_{\text{symmetrisch}} b_i \otimes b_j \otimes b_k$$

$$+ \frac{1}{3} \underbrace{(\xi_{ijk} - \xi_{kji} + \xi_{jik} - \xi_{kij})}_{\text{gemischt symmetrisch}} b_i \otimes b_j \otimes b_k$$

$$+ \frac{1}{3} \underbrace{(\xi_{ijk} - \xi_{jik} + \xi_{kji} - \xi_{jki})}_{\text{gemischt antisymmetrisch}} b_i \otimes b_j \otimes b_k$$

$$+ \frac{1}{6} \underbrace{(\xi_{ijk} - \xi_{jik} - \xi_{ikj} - \xi_{kji} + \xi_{jki} + \xi_{kij})}_{\text{antisymmetrisch}} b_i \otimes b_j \otimes b_k.$$

Hierbei ist der erste Summand vollständig symmetrisch unter der Vertauschung zweier Indizes. Der zweite Summand ist symmetrisch bezüglich der Vertauschung von i und j und weist keine Symmetrien bei der Vertauschung von zwei anderen Indizes auf. Der dritte Summand ist antisymmetrisch bezüglich der Vertauschung von i und j und weist keine Symmetrien bei der Vertauschung von zwei anderen Indizes auf. Der vierte Summand ist vollständig antisymmetrisch unter der Vertauschung zweier Indizes. Diese Eigenschaften werden uns später wiederbegegnen, wenn wir uns mit der Multiplettstruktur des Quarkmodells auseinandersetzen.

Sei im Folgenden ρ_{GL} die innere Tensorproduktdarstellung der Gruppe $GL(n, \mathbb{C})$ auf Z. Wir wollen nun untersuchen, ob die Teildarstellung von ρ_{GL} auf $P_T(Z)$ irreduzibel ist. Hierzu betrachten wir zunächst das folgende Lemma.

Lemma 4.5.8. ([Tun85], S. 72)
Sei $\sigma \in S_n$ und $g \in GL(n, \mathbb{C})$. Dann gilt für $z \in Z$

---

[6] Der Übersicht wegen verwenden wir hier als Indizes i, j und k, an Stelle von i_1, i_2 und i_3.

$$\rho_\varphi(\sigma)\rho_{GL}(g)(z) = \rho_{GL}(g)\rho_\varphi(\sigma)(z).$$

Beweis. Sei $z = \sum \xi_{i_1 \ldots i_n} b_{i_1} \otimes \ldots \otimes b_{i_n} \in Z$. Dann ist

$$
\begin{aligned}
\rho_\varphi(\sigma)\rho_{GL}(g)(z) &= \rho_\varphi(\sigma) \sum \xi_{i_1 \ldots i_n} g b_{i_1} \otimes \ldots \otimes g b_{i_n} \\
&= \rho_\varphi(\sigma) \sum \xi'_{i_1 \ldots i_n} b_{i_1} \otimes \ldots \otimes b_{i_n} \\
&= \sum \xi'_{i_{\sigma(1)} \ldots i_{\sigma(n)}} b_{i_1} \otimes \ldots \otimes b_{i_n} \\
&= \sum \xi_{i_{\sigma(1)} \ldots i_{\sigma(n)}} g b_{i_1} \otimes \ldots \otimes g b_{i_n} \\
&= \rho_{GL}(g) \sum \xi_{i_{\sigma(1)} \ldots i_{\sigma(n)}} b_{i_1} \otimes \ldots \otimes b_{i_n} \\
&= \rho_{GL}(g)\rho_\varphi(\sigma)(z).
\end{aligned}
$$

$\qquad\qquad\qquad\qquad\qquad\qquad\qquad\qquad\qquad\qquad\qquad\qquad\qquad\square$

Folgerung 4.5.9.
Insbesondere impliziert das obige Lemma, dass für alle $z \in Z$

$$\rho_{GL}(g) P_T(z) = P_T \rho_{GL}(g)(z)$$

für alle $g \in GL(n, \mathbb{C})$.

Diese Eigenschaft können wir nun verwenden, um das folgende Lemma zu beweisen.

Lemma 4.5.10.
Die Unterräume $P_T(Z)$ sind invariant unter ρ_{GL}.

Beweis. Sei $z \in P_T(Z)$ beliebig. Dann ist $z = P_T(z)$. Mit Folgerung 4.5.9 folgt

$$\rho_{GL}(g)z = \rho_{GL}(g)P_T(z) = P_T \underbrace{\rho_{GL}(g)(z)}_{z'} = P_T(z') \in P_T(Z)$$

für alle $g \in GL(n, \mathbb{C})$. $\square$

Um zu beweisen, dass die oben beschriebenen Darstellungen irreduzibel sind, müssen wir noch zeigen, dass es keine echten invarianten Teilräume von $P_T(Z)$ gibt.

Dies ist tatsächlich der Fall, allerdings ist der Beweis technisch aufwendig, sodass an dieser Stelle der folgende Satz nur zitiert wird.

Satz 4.5.11. ([Tun85], S. 77)
Die Teildarstellungen der Darstellung ρ_{GL} auf den Unterräumen $P_T(Z)$ sind irreduzibel.

Beweis. [Mil72] Abschnitt 4.3.   □

Die Kenntnisse über die Symmetrische Gruppe und ihre irreduziblen Darstellungen haben es uns also letztendlich ermöglicht, die Tensorproduktdarstellungen der allgemeinen linearen Gruppe $GL(n, \mathbb{C})$ auf dem Tensorproduktraum Z in irreduzible Darstellungen zu zerlegen. Diese Zerlegung funktioniert für die Lie-Gruppen $SL(n)$ und $SU(n)$ als Untergruppen von $GL(n, \mathbb{C})$ auf gleiche Weise. Wir schließen dieses Kapitel mit einem letzten Korollar:

Korollar 4.5.12.
Für einen endlichdimensionalen komplexen Vektorraum V ist das n-fache Tensorprodukt $Z = V \otimes \ldots \otimes V$ die direkte Summe

$$Z = \bigoplus_{T_i} P_T(Z)$$

mit $T_i \in \{T \mid T \text{ ist ein Standardtableau zu einer Partition } \lambda \text{ von } n\}$. Hierbei sind die Teildarstellungen der inneren Tensorproduktdarstellungen der Lie-Gruppen $SU(n)$, $SL(n)$ und $GL(n, \mathbb{C})$ irreduzibel auf den Unterräumen $P_{T_i}(Z)$ für alle T_i.

Teil II
SU(n) und Quarks

Quarks 5

In diesem Kapitel wollen wir zunächst einen Blick auf die Entwicklung der Atom-
und Teilchenphysik im 20. Jahrhundert werfen, welche schließlich zu der Idee des
Quarkmodells führte. Im Anschluss betrachten wir einige grundlegende Eigenschaften des Quarkmodells und verschaffen uns einen kleinen Überblick über die fundamentale Theorie der starken Wechselwirkung, die *Quantenchromodynamik*. Zuletzt
werden wir noch kurz erläutern, was wir unter Symmetrien im Quarkmodell verstehen und wieso die Gruppen SU(n) hier von Bedeutung sind.

5.1 Die Entstehung des Quarkmodells

5.1.1 Entwicklung der Teilchenphysik im 20. Jahrhundert

Der Gedanke, dass Materie aus elementaren Teilchen aufgebaut ist, also solchen,
welche sich nicht aus noch kleineren Konstituenten zusammensetzen, existiert
bereits seit der Antike. Lange Zeit wurden die Atome für diese elementaren Teilchen
gehalten. Zu Beginn des 20. Jahrhunderts entwickelte Joseph John Thomson[1] als
erster ein Atommodell, das den Atomen eine innere Struktur zuschrieb. Er schlug
vor, dass ein Atom aus gleichmäßig verteilter, positiv geladener Masse besteht, in
welcher sich die negativ geladenen Elektronen befinden. In den Jahren um 1911

---

[1]Britischer Physiker [1856–1940]

Ergänzende Information Die elektronische Version dieses Kapitels enthält
Zusatzmaterial, auf das über folgenden Link zugegriffen werden kann
https://doi.org/10.1007/978-3-658-36073-3_5.

widerlegte Ernest Rutherford[2] mit Hilfe von Streuversuchen das Thomson'sche Atommodell. Er stellte stattdessen die Theorie auf, dass die gesamte positive Ladung und der größte Teil der Masse sich in einem kompakten Atomkern im Zentrum des Atoms befinden, um den die Elektronen ungeordnet verteilt sind. In den folgenden Jahren wurden Atomkerne genauer untersucht. Es stellte sich heraus, dass sie aus zwei Arten von Teilchen bestehen, den positiv geladenen Protonen und den neutralen Neutronen, welche durch die starke Wechselwirkung zusammengehalten werden. Abgesehen von der Ladung haben diese beiden Teilchen sehr ähnliche Eigenschaften. Beide haben Spin $\frac{1}{2}$ und fast die gleiche Masse (das Neutron ist etwas schwerer als das Proton, $m_n = 939.57\,\mathrm{MeV}$ und $m_p = 938.27\,\mathrm{MeV}$ [T+18]). Das brachte Werner Heisenberg[3] auf die Idee, dass die starke Wechselwirkung nicht zwischen Neutronen und Protonen unterscheidet [Hei32]. Mit dieser Annahme können Proton und Neutron als zwei verschiedene Ladungszustände ein und desselben Teilchens, dem Nukleon, aufgefasst werden [Fri85]. Hierzu führte man eine neue Quantenzahl, den *Isospin*, ein. Das Nukleon hat den Isospin $I = \frac{1}{2}$ und die kanonisch verwendete dritte Komponente I_3 repräsentiert seine Einstellung. Dem Proton wird dann die Einstellung $I_3 = \frac{1}{2}$ und dem Neutron die Einstellung $I_3 = -\frac{1}{2}$ zugeordnet. Als weiteres Teilchen kannte man zu dieser Zeit nur noch das Photon, als Quant der elektromagnetischen Strahlung. Man kannte somit Anfang der dreißiger Jahre insgesamt vier Teilchen, von welchen man damals annahm, dass sie von elementarer Natur sind, also nicht aus noch kleineren Konstituenten zusammengesetzt [Fri85]. Im Jahr 1935 postulierte Hideki Yukawa[4] die Existenz eines weiteren Teilchens, das als Austauschteilchen der starken Wechselwirkung fungiert: das Pion [Yuk35]. In den späten dreißiger Jahren des 20. Jahrhunderts kamen noch das Myon als Bestandteil der kosmischen Strahlung und das hypothetische Neutrino, welches den β-Zerfall erklären sollte, hinzu. Im Jahr 1947 wurde das von Yukawa vorhergesagte Pion experimentell nachgewiesen [LM+47]. Ab 1950 wurde die Situation immer komplexer. In Beschleunigerexperimenten wurden nach und nach immer mehr stark wechselwirkende Teilchen entdeckt, welche alle genauso als elementar angenommen wurden. In Folge dessen führte Lew Okun[5] die Bezeichnung *Hadronen* als Sammelbegriff für alle stark wechselwirkenden Teilchen ein [Oku65]. Weiter werden Hadronen mit ganzzahligem Spin als *Mesonen* und Hadronen mit halbzahligem Spin als *Baryonen* bezeichnet. Wegen der Vielzahl an möglichen „Elementarteilchen" bezeichnete man die Situation auch als „Teilchenzoo" [Dos05]. Einige der neu

---

[2] Neuseeländischer Physiker [1871–1937]

[3] Deutscher Physiker [1901–1976]

[4] Japanischer Physiker [1917–1981]

[5] Russischer Physiker [1929–2015]

entdeckten Teilchen hatten seltsame Eigenschaften. So konnte man beispielsweise das neu gefundene Λ-Teilchen relativ häufig in hadronischen Wechselwirkungen erzeugen, wobei es nur sehr langsam zerfällt. Die meisten Teilchen, welche man in hadronischen Prozessen erzeugt, zerfallen genauso schnell, wie man sie erzeugt. Beispielsweise hat das Δ-Teilchen nur eine Lebensdauer von rund 10^{-24} s, während das Λ-Teilchen sehr viel länger lebt, nämlich etwa 10^{-10} s [Fri85]. Es stellte sich heraus, dass neben dem Isospin eine weitere Quantenzahl existiert, die man aufgrund der seltsamen Eigenschaften *Strangeness* (englisch für Seltsamkeit) nannte.

5.1.2 The Eightfold Way

In den Jahren 1960–1961 entdeckten Murray Gell-Mann und Juval Ne'eman unabhängig voneinander ein Muster in den neu entdeckten Teilchen und klassifizierten diese mit Hilfe der Gruppe SU(3) [Gel61, Ne'61, GN64]. In beiden Arbeiten spielten achtdimensionale irreduzible Darstellungen der Gruppe SU(3) für die Beschreibung des pseudoskalaren Mesonenoktetts, des Baryonenoktetts mit Spin $\frac{1}{2}$ und des Vektormesonenoktetts[6] eine zentrale Rolle (Abbildungen dieser drei Multipletts befinden sich im Anhang A.1 im elektronischen Zusatzmaterial), weshalb der Zugang auch als *The Eightfold Way*[7] bezeichnet wurde [Sch16].

Wir wollen uns an dieser Stelle kurz anschauen, nach welchen Eigenschaften Gell-Mann und Ne'eman die Teilchen organisierten. Hierzu betrachten wir zunächst noch eine weitere Größe von Hadronen, die sogenannte *Hyperladung Y*. Diese setzt sich gemäß

$$Y = B + S$$

aus der *Baryonenzahl B* ($B = 1$ für Baryonen und $B = 0$ für Mesonen) und der Strangeness-Quantenzahl S zusammen. Die Idee der Hyperladung geht hierbei auf Gell-Mann und Kazuhiko Nishijima[8] zurück, welche diese unabhängig voneinander bereits 1953 eingeführt hatten [Gel53, NN53]. Die Ladung Q eines Teilchens ist dann durch die *Gell-Mann-Nishijima-Relation*

$$Q = \frac{1}{2}Y + I_3$$

---

[6] Wegen einer substanziellen Mischung im ϕ-ω-System mit Isospin 0 wird in der Regel ein Nonett von Zuständen angegeben [Sch16].

[7] Der Name stellt eine Anspielung auf den achtfachen Weg zur Weisheit des Buddhismus dar.

[8] Japanischer Physiker [1926–2009]

gegeben. Mit Hilfe der Hyperladung Y und der Isospinprojektion I_3 können wir nun die Mesonen und Baryonen organisieren. Eine Gruppe besteht hierbei immer aus Hadronen ähnlicher Masse mit gleichem Spin J und dem gleichen Transformationsverhalten $P = \pm 1$ bezüglich Parität. Diese ordnen wir in einem Diagramm bezüglich ihrer Isospinprojektion I_3 und ihrer Hyperladung Y an. In Abbildung 5.1 wurde dies für die Baryonen mit Spin $\frac{3}{2}$ getan. Die Klassifizierung bildet ein Dekuplett, wobei das Teilchen Ω^- zu Beginn der sechziger Jahre noch nicht bekannt war. Die Klassifizierung der Baryonen mit Spin $\frac{1}{2}$, der Mesonen mit Spin 0 und der Mesonen mit Spin 1 bildet auf gleiche Weise jeweils ein Oktett (siehe Abbildungen im Anhang A.1 im elektronischen Zusatzmaterial). Wir werden in Kapitel 7 sehen, dass Dekupletts und Oktette zu irreduziblen Darstellungen der Gruppe SU(3) gehören. Im Jahr 1964 wurde der zehnte Zustand Ω^- des Baryonendekupletts experimentell nachgewiesen, wodurch die SU(3)-Symmetrie bestätigt wurde [BC+64].

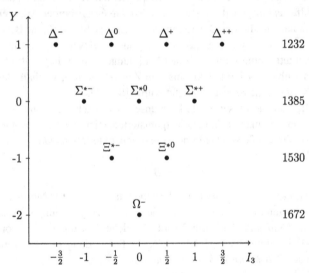

Abbildung 5.1 Baryonendekuplett mit $J^P = \frac{3}{2}^+$ in einem (I_3, Y)-Diagramm. Die Massen sind am rechten Rand in MeV angegeben [Sch16].

Es war jedoch verwunderlich, dass die Klassifizierung durch die Gruppe SU(3) zu stimmen schien, jedoch kein passendes Triplet zur dreidimensionalen Fundamentaldarstellung vorkam. Im selben Jahr erkannten Gell-Mann und sein ehemaliger Schüler Georg Zweig, dass sich die beobachteten Muster automatisch

ergeben, wenn alle beobachteten Hadronen aus drei verschiedenen Typen von
Quarks[9] (Zweig nannte diese *Asse*) zusammengesetzt sind [Gel64, Zwe64]. Diese
Theorie traf auf gemischte Reaktionen. Die Existenz von Quarks konnte zunächst
nicht experimentell bestätigt werden. Der Wendepunkt erfolgte als Resultat einer
Reihe an Experimenten am Stanford Linear Accelerator Center (SLAC) im Jahr
1968 und am CERN in Genf im Jahr 1970, bei welchen Substrukturen im Inneren des Protons und des Neutrons beobachtet werden konnten. Die Experimente
waren hierbei vom Prinzip her vergleichbar mit den Streuexperimenten von Rutherford, bei denen er 1911 den Atomkern entdeckte, nur dass für die Entdeckung der
Substruktur von Protonen und Neutronen wesentlich höhere Energien erforderlich
waren [Clo86]. Doch auch in den 70er Jahren gab es noch Zweifler. Ein Problem der
Quarkidee ist die Tatsache, dass die Quarks selbst bis heute nicht als freie Teilchen
beobachtet wurden [Fri85]. Dieses als *Confinement* bezeichnete Phänomen stellt
weiterhin eines der größten ungelösten Probleme der Teilchenphysik dar [Gre11].

5.2 Das Quarkmodell

Wir wollen uns nun einen kleinen Überblick über die wichtigsten Grundlagen im
Quarkmodell verschaffen, die wir für die Betrachtungen der folgenden Kapitel benötigen.

5.2.1 Grundlagen

Hadronen bestehen also aus Quarks. Gell-Mann benötigte drei verschiedene Typen
von Quarks, um die beobachteten Muster erklären zu können. Zwei davon heißen
Up-Quark und *Down-Quark* (kurz u und d), aus welchen Hadronen ohne Strangeness aufgebaut sind. Diese beiden Quarks besitzen beide Isospin $I = \frac{1}{2}$, wobei das
Up-Quark die dritte Komponente $I_3 = +\frac{1}{2}$ und das Down-Quark die dritte Komponente $I_3 = -\frac{1}{2}$ aufweist. Hadronen mit Strangeness enthalten den dritten Typ,
nämlich das *Strange-Quark* (kurz s) [Clo86]. Die verschiedenen Typen nennt man
heute *Flavours* (englisch für Geschmack). Ein Baryon ist hierbei aus drei Quarks
(qqq) und ein Meson aus einem Quark-Antiquark-Paar ($q\bar{q}$) aufgebaut. Alle Quarks
haben die Spinquantenzahl $\frac{1}{2}$. Eine ungewöhnliche Eigenschaft der Quarks ist es,
dass ihre Ladung kein ganzzahliges Vielfaches der Elementarladung e ist. So trägt
das Up-Quark die Ladung $\frac{2}{3}e$ und das Down-Quark, sowie das Strange-Quark die

---

[9] Den Namen *Quark* entnahm Gell-Mann einer Passage aus dem Werk *Finnegans Wake* des
irischen Autors James Joyce [Dos05].

Ladung $-\frac{1}{3}e$. Heute sind mit dem *Charm-*, *Top-* und *Bottom-Quark* noch drei weitere Quarks bekannt. So wie das Up- und das Down-Quark Isospin als Quantenzahl tragen, besitzt das Strange-Quark die Quantenzahl der Strangeness S und auch alle anderen Quarks besitzen spezifische Quantenzahlen, welche nur bei ihrem Flavour vorkommen.

Tabelle 5.1 Übersicht der sechs Quarks [T+18]

Name	Symbol	Ladung [e]	Flavour-Quantenzahlen	Masse [MeV]
Up	u	$+\frac{2}{3}$	$I_3 = +\frac{1}{2}$	$2.2^{+0.5}_{-0.4}$
Down	d	$-\frac{1}{3}$	$I_3 = -\frac{1}{2}$	$4.7^{+0.5}_{-0.3}$
Charm	c	$+\frac{2}{3}$	$C = +1$	1275^{+25}_{-35}
Strange	s	$-\frac{1}{3}$	$S = -1$	95^{+9}_{-3}
Top	t	$+\frac{2}{3}$	$T = +1$	4180^{+40}_{-30}
Bottom	b	$-\frac{1}{3}$	$B' = -1$	173000 ± 400

Da wir uns in dieser Arbeit mit der von Gell-Mann und Ne'eman entdeckten SU(3)-Symmetrie auseinandersetzen werden, sind für uns ausschließlich die drei leichten Quarks, also das Up-, Down- und Strange-Quark, von Bedeutung. Eine Übersicht über die Eigenschaften aller sechs Quarks befindet sich in Tabelle 5.1. Hierbei sind die aufgeführten Quantenzahlen additiv. Wir wollen das an einem einfachen Beispiel verdeutlichen:

Beispiel 5.2.1.
Das Proton hat die Quarkzusammensetzung *uud*. Die Ladung Q und die Isospinkomponente I_3 des Protons berechnen sich dann zu

$$Q = \frac{2}{3}e + \frac{2}{3}e - \frac{1}{3}e = 1e,$$

$$I_3 = \frac{1}{2} + \frac{1}{2} - \frac{1}{2} = +\frac{1}{2}.$$

Da in der Quarkzusammensetzung des Protons die vier anderen Quark-Flavours nicht vorkommen, gilt für das Proton entsprechend $S = C = T = B' = 0$.

Zu jedem der sechs verschiedenen Quarks q existiert ein Antiquark $\bar{q}$ mit

1. Spin = $\frac{1}{2}$,
2. derselben Masse $m_{\bar{q}} = m_q$,
3. der entgegengesetzten Ladung $Q_{\bar{q}} = -Q_q$,
4. entgegengesetzten inneren Quantenzahlen.

Wir betrachten hierzu ein weiteres Beispiel:

Beispiel 5.2.2.
Das positiv geladene Pion π^+ hat die Zusammensetzung $u\bar{d}$. Das Anti-Down-Quark hat die elektrische Ladung $+\frac{1}{3}e$ und die Isospinprojektion $I_3 = \frac{1}{2}$. Für das Pion π^+ folgt somit

$$Q = \frac{2}{3}e + \frac{1}{3}e = 1e,$$
$$I_3 = \frac{1}{2} + \frac{1}{2} = 1.$$

5.2.2 Die Farbladung im Quarkmodell

Wir betrachten die doppelt positiv geladene Resonanz Δ^{++}, welche im Baryonen-dekuplett (siehe Abbildung 5.1) liegt. Sie hat die Isospinprojektion $I_3 = +\frac{3}{2}$ und ist folglich aus drei Up-Quarks aufgebaut. Hat sie die maximale Spineinstellung, nämlich $S_z = +\frac{3}{2}$, führt dies zu der Voraussetzung, dass jedes Up-Quark die Einstellung $S_z = +\frac{1}{2}$ hat. Wir schreiben in diesem Fall kurz $\Delta^{++}(S_z = +\frac{3}{2}) = u \uparrow u \uparrow u \uparrow$, wobei die Pfeile nach oben für die entsprechende Spineinstellung der Quarks stehen. An dieser Stelle entsteht ein Widerspruch zum Pauli-Prinzip[10]. Dieses besagt, dass die Zustände von mehreren Spin-$\frac{1}{2}$-Teilchen antisymmetrisch sind, also ein Zustand bei der Vertauschung zweier Komponenten sein Vorzeichen ändert [Dos05]. Die positiv geladene Resonanz Δ^{++} ist jedoch vollkommen symmetrisch unter der Vertauschung zweier Quarks. Zur Lösung dieses Problems schlugen Oscar Greenberg[11], sowie unabhängig davon Moo-Young Han[12] und Yoichiro Nambu[13], die Existenz

---

[10] Benannt nach dem österreichischen Physiker Wolfgang Pauli [1900–1958]

[11] US-amerikanischer Physiker [1932]

[12] Südkoreanischer Physiker [1934–2016]

[13] US-amerikanischer Physiker [1921–2015]

einer weiteren Quantenzahl vor [Gre64, HN65]. Diese Quantenzahl kennt man heute unter dem Namen der *Farbladung* oder einfach *Farbe*. Jedes Quark trägt hierbei eine der Farben „rot", „grün" oder „blau". Mit Hilfe der Slater-Determinante[14]

$$\frac{1}{\sqrt{6}} \begin{vmatrix} r_1 & g_1 & b_1 \\ r_2 & g_2 & b_2 \\ r_3 & g_3 & b_3 \end{vmatrix} = \frac{1}{\sqrt{6}} (r_1 g_2 b_3 + g_1 b_2 r_3 + b_1 r_2 g_3 - r_1 b_2 g_3 - b_1 g_2 r_3 - g_1 r_2 g_3)$$

wird der Zustand eines beliebigen Baryons antisymmetrisch unter der Vertauschung zweier Quarks, wobei a_i mit $a \in \{r, g, b\}$ und $i \in \{1, 2, 3\}$ die Farbe des i-ten Quarks angibt [Sch16]. Im nichtrelativistischen Quarkmodell setzt sich der Zustand eines Baryons B somit aus einem Tensorprodukt von vier Faktoren

$$|B\rangle = \underbrace{|\phi\rangle}_{\text{Flavour}} \otimes \underbrace{|\chi\rangle}_{\text{Spin}} \otimes \underbrace{|O\rangle}_{\text{Ortsraum}} \otimes \underbrace{|F\rangle}_{\text{Farbraum}}$$

zusammen. Der Gesamtfarbzustand $|F\rangle$ ist hierbei immer antisymmetrisch bezüglich der Vertauschung zweier Quarks. Das Pauli-Prinzip fordert nun, dass das Tensorprodukt der ersten drei Faktoren symmetrisch bezüglich der Vertauschung zweier Quarks ist, damit der Gesamtzustand antisymmetrisch ist. Mit der Annahme, dass der Grundzustand symmetrisch im Ortsraum ist, folgt, dass das Produkt aus Flavour- und Spinzuständen symmetrisch unter der Vertauschung zweier Quarks sein muss. Dies wird später eine entscheidende Rolle spielen, wenn wir die Flavour-Spin-Zustände von Baryonen konstruieren wollen (siehe Kapitel 8).

Auch die Antiquarks tragen eine Farbladung. Hierbei ist die Farbladung eines Antiquarks $\bar{q}$ der Farbladung des Quarks q entgegengesetzt. Trägt Beispielsweise das Quark q die Farbe r (rot), so trägt das Antiquark $\bar{q}$ die Farbe $\bar{r}$ (antirot). Die fundamentale Theorie der starken Wechselwirkung heißt heute *Quantenchromodynamik*. Sie umfasst ausschließlich Teilchen mit Farbladung. Daher leitet sich auch das „chromo" in Quantenchromodynamik ab[15]. Abgesehen von den Quarks und Antiquarks gibt es noch acht Gluonen, welche ebenfalls eine Farbladung besitzen. Diese werden zwischen einzelnen Quarks ausgetauscht und sind somit die Austauschteilchen der starken Wechselwirkung. Vereinfacht gesprochen halten sie also die Quarks zusammen, wodurch sich auch der Name Gluon (englisch *to glue* = kleben) erklärt.

---

[14] Benannt nach dem US-amerikanischen Physiker John Clarke Slater [1900–1976]

[15] altgriechisch χρῶμα *chrōma*, zu deutsch „Farbe"

5.2.3 Symmetrien

Wir werden in den folgenden Abschnitten immer wieder verschiedene $SU(n)$-Symmetrien im Quarkmodell betrachten, weshalb wir an dieser Stelle kurz erläutern wollen, was wir darunter zu verstehen haben. In der Quantenmechanik spricht man von einer Symmetrie eines Systems, wenn alle physikalischen Vorhersagen invariant unter der Transformation eines Zustands

$$|\psi\rangle \longrightarrow |\psi'\rangle = U |\psi\rangle$$

sind, wobei U ein Operator ist [Tho13]. Dies bedeutet, dass

$$\left|\langle\psi_1'|\psi_2'\rangle\right|^2 = |\langle\psi_1|\psi_2\rangle|^2$$

für alle Zustände $|\psi_1\rangle$, $|\psi_2\rangle \in \mathcal{H}$. Mit $|\psi'\rangle = U |\psi\rangle$ erhalten wir

$$\left|\langle\psi_1|U^\dagger U|\psi_2\rangle\right|^2 = |\langle\psi_1|\psi_2\rangle|^2 \, .$$

Es folgt, dass der Transformationsoperator U unitär oder antiunitär[16] sein muss[17]. Die einzige Symmetrietransformation in der nichtrelativistischen Quantenmechanik, die auf einem Hilbert-Raum $\mathcal{H}$ anhand eines antiunitären Operators wirkt, ist die Zeitumkehr $\mathcal{T} : t \mapsto t' = -t$ [Bor17]. Bei allen von uns betrachteten Symmetrien ist der Transformationsoperator U unitär. Für einen unitären Operator U gilt

$$1 = \det(E) = \det(U^\dagger U) = \det(U^\dagger)\det(U) = \overline{\det(U)}\det(U).$$

Folglich kann die Determinante des Transformations-Operators mit Hilfe einer Phase $\phi \in \mathbb{R}$ durch $\det(U) = e^{i\phi}$ ausgedrückt werden. Die Multiplikation eines Zustandes mit einem konstanten Phasenfaktor $e^{i\phi}$ ist eine Symmetrie, die immer vorliegt und keinen Einfluss auf beobachtbare physikalische Eigenschaften hat[18]. Wir werden uns den unitären Transformationen mit $\det(U) = 1$ widmen. Hierzu betrachten wir entsprechend unitäre Darstellungen der Gruppe

---

[16] Ein Operator U heißt antiunitär, wenn $\langle U\psi_1|U\psi_2\rangle = \overline{\langle\psi_1|\psi_2\rangle}$.

[17] Dies folgt aus dem sogenannten **Wigner**-Theorem, siehe zum Beispiel [GP+12] Abschnitt 7.2.

[18] Dennoch gibt es physikalische Konsequenzen einer solchen $U(1)$-Symmetrie. Das Noether-Theorem sagt, dass es zu jeder kontinuierlichen Symmetrie eine entsprechende Erhaltungsgröße gibt. Im Falle der Quantenchromodynamik resultiert die $U(1)$-Symmetrie in der Erhaltung der Baryonenzahl.

$$\mathrm{SU}(n) = \{A \in \mathrm{GL}(n, \mathbb{C}) \mid AA^\dagger = E \text{ und } \det A = 1\}$$

auf dem jeweiligen Hilbert-Raum $\mathcal{H}$. Die Dynamik im nichtrelativistischen Quark-modell wird mit Hilfe eines geeigneten Hamilton-Operators H beschrieben (Genaueres siehe Kapitel 9). Wenn wir von einer SU(n)-Symmetrie sprechen, so bedeutet dies, dass der Hamilton-Operator H invariant unter Transformationen bezüglich einer Darstellung der Gruppe SU(n) ist. Dies bedeutet, dass der transformierte Hamilton-Operator H' die Gleichung

$$H' = UHU^\dagger = H$$

erfüllt oder gleichbedeutend $[H, U] = 0$. Sind $|\psi_n\rangle$ die Eigenzustände des Hamil-tonoperators H mit

$$H |\psi_n\rangle = E_n |\psi_n\rangle,$$

so gilt in diesem Fall

$$H |\psi_n'\rangle = HU |\psi_n\rangle = UH |\psi_n\rangle = E_n U |\psi_n\rangle = E_n |\psi_n'\rangle.$$

Folglich sind auch die transformierten Zustände $|\psi_n'\rangle$ Eigenzustände von H mit Eigenwerten E_n.

SU(2)

6

In diesem Kapitel setzen wir uns genauer mit der Lie-Gruppe SU(2) auseinander. Wir werden diese zunächst als passende Gruppe für den Spin der Quarks kennenlernen. Im Anschluss werden wir sehen, wie wir somit auch Spinzustände von aus Quarks zusammengesetzten Systemen, also Hadronen, beschreiben können. Zuletzt betrachten wir noch kurz die Isospinsymmetrie als mathematisches Äquivalent zum Spin.

6.1 Quarks mit Spin

Wie bereits in Abschnitt 5.2.1 erwähnt, besitzen Quarks den Spin $\frac{1}{2}$. Zur Beschreibung eines Spin-$\frac{1}{2}$-Systems betrachten wir einen zweidimensionalen komplexen Hilbert-Raum $X = \mathbb{C}^2$, welcher durch die orthonormalen Basisvektoren

$$\chi_1 = |{\uparrow}\rangle = \begin{pmatrix} 1 \\ 0 \end{pmatrix} \quad \text{und} \quad \chi_2 = |{\downarrow}\rangle = \begin{pmatrix} 0 \\ 1 \end{pmatrix}$$

aufgespannt wird. Hierbei entspricht $|{\uparrow}\rangle$ dem Zustand eines Quarks mit Spinprojektion $S_z = \frac{1}{2}$ und $|{\downarrow}\rangle$ dem Zustand mit Spinprojektion $S_z = -\frac{1}{2}$. Ein allgemeiner normierter Zustand eines Quarks ist dann durch

$$|\psi\rangle = \alpha|{\uparrow}\rangle + \beta|{\downarrow}\rangle \quad \text{mit} \quad |\alpha|^2 + |\beta|^2 = 1$$

gegeben, wobei $\alpha, \beta \in \mathbb{C}$. Durch die Fundamentaldarstellung

© Der/die Autor(en), exklusiv lizenziert durch Springer Fachmedien Wiesbaden GmbH, ein Teil von Springer Nature 2022
J. Schaeffer, *SU(n), Darstellungstheorie und deren Anwendung im Quarkmodell*, BestMasters, https://doi.org/10.1007/978-3-658-36073-3_6

$$\varphi_f : SU(2) \longrightarrow GL(X)$$
$$U \longmapsto U$$

der Gruppe SU(2) transformiert ein solcher Zustand $|\psi\rangle$ gemäß

$$|\psi'\rangle = U|\psi\rangle$$

in einen Zustand $|\psi'\rangle$.

Wenn wir später Zustände betrachten, welche sich aus mehreren Quarks zusammensetzen, werden Symmetrieeigenschaften unter der Vertauschung von zwei Quarks eine entscheidende Rolle spielen. Hierzu betrachten wir die folgende Definition:

Definition 6.1.1. ([Sch16], S. 205)
Es sei $X = \mathbb{C}^2$ mit der Orthonormalbasis χ^1, χ^2 zur Beschreibung des Spins eines Quarks. Sei weiter $Y = X \otimes X$ der Tensorproduktraum mit

$$Y \ni y = c_{ij}\chi^i \otimes \chi^j \quad \text{mit} \quad c_{ij}^* c_{ij} = 1,$$

wobei gemäß der Einsteinschen Summenkonvention über i und j summiert wird[1]. Wir bezeichnen die Elemente des ersten Faktors X des Tensorproduktraums Y als Quark 1 und entsprechend die Elemente des zweiten Faktors X als Quark 2. Der Zustand y ist *symmetrisch* bezüglich der Vertauschung von Quark 1 und Quark 2 genau dann, wenn

$$c_{ij} = c_{ji} \quad \text{für alle} \quad i, j \in \{1, 2\}$$

und *antisymmetrisch* bezüglich der Vertauschung von Quark 1 und Quark 2 genau dann, wenn

$$c_{ij} = -c_{ji} \quad \text{für alle} \quad i, j \in \{1, 2\}.$$

Im folgenden Abschnitt wollen wir nun die Gruppe SU(2) durch die zugehörige Lie-Algebra $\mathfrak{su}(2)$ beschreiben. Dies wird es uns später leicht ermöglichen, die irreduziblen Darstellungen der Gruppe SU(2) zu bestimmen.

---

[1] Die von Albert Einstein [1879–1955] eingeführte Summenkonvention bedeutet, dass über doppelt auftretende Indizes innerhalb eines Produkts summiert wird. Sie wird in den folgenden Kapiteln regelmäßig verwendet.

6.2 Generatoren der SU(2)

Wir wissen aus Teil I, dass die zugehörige Lie-Algebra zu der Gruppe $SU(2)$ durch

$$\mathfrak{su}(2) = \{A \in M_2(\mathbb{C}) \mid A^\dagger = -A \text{ und spur} A = 0\}$$

gegeben ist (siehe Tabelle 2.1). Wir wollen nun kurz die Dimensionen bestimmen.

Lemma 6.2.1.
Für die Dimension der Lie-Gruppe $SU(n)$ und der Lie-Algebra $\mathfrak{su}(n)$ gilt

$$\dim SU(n) = \dim \mathfrak{su}(n) = n^2 - 1.$$

Beweis. Wir wissen bereits aus Kapitel 2, dass die Dimension einer Lie-Gruppe der Dimension der entsprechenden Lie-Algebra entspricht. Deshalb reicht es, die Aussage für die Lie-Algebra $\mathfrak{su}(n)$ zu zeigen. Diese ist die Menge aller schiefhermiteschen komplexen $n \times n$-Matrizen mit verschwindender Spur. Sei nun $A \in \mathfrak{su}(n)$ eine solche Matrix. Aufgrund der Schiefhermitezität sind für A die Einträge unterhalb der Diagonalen durch die Einträge oberhalb der Diagonalen vollständig bestimmt. Weiter müssen alle Einträge auf der Diagonalen von der Form λi sein, für ein $\lambda \in \mathbb{R}$. Da die Spur von A verschwindet, ist der letzte Eintrag auf der Diagonalen durch die übrigen eindeutig bestimmt. Somit folgt

$$\dim \mathfrak{su}(n) = 2 \cdot (1 + 2 + \ldots + (n-1)) + (n-1)$$
$$= 2 \cdot \left(\frac{(n-1)n}{2} \right) + (n-1)$$
$$= n^2 - 1.$$

$\square$

Nach obigem Lemma folgt also

$$\dim SU(2) = \dim \mathfrak{su}(2) = 2^2 - 1 = 3.$$

Wir wollen nun eine Basis für die Lie-Algebra $\mathfrak{su}(2)$ angeben. Hierfür definieren wir zunächst die in der Physik üblichen *Pauli-Matrizen*.

Definition 6.2.2. ([Hal84], S. 39)

Die hermiteschen und spurlosen Matrizen

$$\sigma_1 := \begin{pmatrix} 0 & 1 \\ 1 & 0 \end{pmatrix}, \quad \sigma_2 := \begin{pmatrix} 0 & -i \\ i & 0 \end{pmatrix} \quad \text{und} \quad \sigma_3 := \begin{pmatrix} 1 & 0 \\ 0 & -1 \end{pmatrix}$$

heißen *Pauli-Matrizen*.

Bemerkung 6.2.3.

Die Pauli-Matrizen erfüllen die Vertauschungsrelationen

$$[\sigma_i, \sigma_j] = 2i\epsilon_{ijk}\sigma_k,$$

wobei ϵ_{ijk} für das Levi-Civita-Symbol steht. Weiter sind die drei Pauli-Matrizen linear unabhängig. Definieren wir

$$B_i := -i\frac{\sigma_i}{2},$$

so sind diese schiefhermitesch und spurlos. Daher bildet die Menge $\mathcal{B} = \{B_1, B_2, B_3\}$ eine Basis der Lie-Algebra $\mathfrak{su}(2)$.

Sei nun $U \in$ SU(2) beliebig. Nach Satz 2.5.9 können wir U mit Hilfe der Exponentialfunktion durch ein Element der Lie-Algebra $\mathfrak{su}(2)$ ausdrücken. Es ist also

$$U = \exp(\Theta_i B_i) = \exp\left(-i\Theta_i \frac{\sigma_i}{2}\right),$$

für gewisse $\Theta_1, \Theta_2, \Theta_3 \in \mathbb{R}$. Wir nennen deshalb σ_1, σ_2 und σ_3 *Generatoren* der Gruppe SU(2). Um den Faktor zwei bei den Vertauschungsrelationen loszuwerden, ist es üblich, die SU(2)-Generatoren als $J_i := \frac{1}{2}\sigma_i$ zu definieren. Diese erfüllen dann die Vertauschungsrelationen

$$[J_i, J_j] = i\epsilon_{ijk}J_k.$$

Mit den J_i haben wir also 2×2-Matrizen gefunden, welche den Vertauschungsrelationen der Drehimpulsalgebra genügen. Diese liefern uns über die Exponentialfunktion eine zweidimensionale Darstellung, die Fundamentaldarstellung der Gruppe SU(2).

6.3 Die endlichdimensionalen irreduziblen Darstellungen

Wir wollen nun alle endlichdimensionalen irreduziblen Darstellungen der Lie-Gruppe SU(2) angeben. Hierbei führen wir das Problem auf die Konstruktion irreduzibler Darstellungen der Lie-Algebra $\mathfrak{su}(2)$ zurück. Dies ist möglich, da die Lie-Algebra $\mathfrak{su}(2)$ und die Lie-Gruppe SU(2) über die Exponentialfunktion miteinader verbunden sind und diese die Irreduzibilität einer Darstellung beibehält. Eine genaue mathematische Betrachtung hierzu befindet sich bei [Jee15], S. 237–238.

6.3.1 Konstruktion

Wir suchen also die endlichdimensionalen irreduziblen Darstellungen der Drehimpulsalgebra. Dies ist ein bekanntes und viel beschribenens Problem der Quantenmechanik, weshalb wir das Verfahren an dieser Stelle nicht vollständig durchführen werden. Eine ausführliche Diskussion befindet sich zum Beispiel bei [GM94] Abschnitt 2.1. Wir wollen aber kurz die grobe Vorgehensweise erläutern. Sind J_1, J_2 und J_3 hermitesche Operatoren auf einem Hilbert-Raum, welche die Vertauschungsrelationen

$$[J_i, J_j] = i\epsilon_{ijk}J_k$$

erfüllen, so definieren wir uns zwei neue Operatoren

$$J_+ := J_1 + iJ_2,$$
$$J_- := J_1 - iJ_2.$$

Ist $|m\rangle$ ein Eigenzustand von J_3 mit Eigenwert m, so lässt sich nachrechnen, dass

$$J_3(J_\pm | m\rangle) = (m \pm 1)(J_\pm | m\rangle).$$

Also ist $J_\pm | m\rangle$ ebenfalls ein Eigenvektor von J_3 mit Eigenwert $m \pm 1$. Man bezeichnet deshalb die Operatoren J_+ und J_- auch als *Auf-* und *Absteigeoperatoren*, bzw. *Leiteroperatoren*. Diese erfüllen die Vertauschungsrelationen

$$[J_+, J_-] = 2J_3 \quad \text{und} \quad [J_3, J_\pm] = \pm J_\pm.$$

Definieren wir weiter
$$J^2 := J_1^2 + J_2^2 + J_3^2,$$
so ist
$$[J^2, J_i] = 0 \quad \text{für } i = 1, 2, 3.$$

Vertauschbare Operatoren besitzen dieselben Eigenzustände. Somit können wir simultane Eigenzustände $| j, m \rangle$ von J^2 und J_3 konstruieren. Es ist möglich zu zeigen, dass

$$J^2 | j, m \rangle = j(j + 1) | j, m \rangle,$$
$$J_3 | j, m \rangle = m | j, m \rangle,$$

mit $j \in \{0, \frac{1}{2}, 1, \frac{3}{2}, \ldots\}$ und $m = -j, -j+1, \ldots, j-1, j$ [GM94]. Wir haben also zu jedem j insgesamt $2j + 1$ Eigenzustände. Diese bilden die Basis einer $(2j + 1)$-dimensionalen irreduziblen Darstellung $\Psi^{(j)}$ der Drehimpulsalgebra und werden als *Multiplett* bezeichnet. Die Matrixelemente von $\Psi^{(j)}$ bezüglich der Operatoren J_3, J_+ und J_- lassen sich dann mit

$$\Psi^{(j)}_{m',m}(J_3) = \langle j, m' | J_3 | j, m \rangle = m \delta_{m'm},$$
$$\Psi^{(j)}_{m',m}(J_+) = \langle j, m' | J_+ | j, m \rangle = \sqrt{(j - m)(j + m + 1)} \delta_{m'm+1},$$
$$\Psi^{(j)}_{m',m}(J_-) = \langle j, m' | J_- | j, m \rangle = \sqrt{(j + m)(j - m + 1)} \delta_{m'm-1}$$

berechnen [Sch16].

Beispiel 6.3.1.
Wir betrachten den Fall $J = \frac{1}{2}$ und somit erneut die zweidimensionale Fundamentaldarstellung der Gruppe SU(2). Der Generator J_3 hat also in dieser Darstellung die Eigenwerte $\frac{1}{2}$ und $-\frac{1}{2}$ und es ist

$$\Psi(J_3) = \frac{1}{2} \begin{pmatrix} 1 & 0 \\ 0 & -1 \end{pmatrix}.$$

Die Matrixform der Generatoren J_1 und J_2 lässt sich berechnen, indem wir diese mit Hilfe der Leiteroperatoren ausdrücken. So ist

$$J_1 = \frac{1}{2}(J_- + J_+) \quad \text{und} \quad J_2 = \frac{i}{2}(J_- - J_+).$$

Es folgt

$$\Psi(J_1) = \frac{1}{2}\begin{pmatrix} 0 & 1 \\ 1 & 0 \end{pmatrix} \quad \text{und} \quad \Psi(J_2) = \frac{1}{2}\begin{pmatrix} 0 & -i \\ i & 0 \end{pmatrix}.$$

Das Ergebnis ist nicht verwunderlich. Wir erhalten die uns gut bekannten Matrizen $\frac{1}{2}\sigma_1$, $\frac{1}{2}\sigma_2$ und $\frac{1}{2}\sigma_3$.

6.3.2   Graphische Veranschaulichung

Wir wollen die irreduziblen Darstellungen der Gruppe SU(2) graphisch darstellen. Hierzu betrachten wir zunächst die Definition des *Gewichts*:

Definition 6.3.2. ([Geo82], S. 52)
Für eine Darstellung Ψ der Gruppe SU(2) heißen die Eigenwerte m des Operators J_3 die Gewichte von Ψ.

Definition 6.3.3.
Die graphische Darstellung der Gewichte einer Darstellung Ψ in einem Diagramm heißt *Gewichtsdiagramm*.

Wir schauen uns hierzu ein einfaches Beispiel an:

Beispiel 6.3.4.
Wir betrachten die $(2j + 1)$-dimensionalen irreduziblen Darstellungen der Gruppe SU(2). Jede dieser Darstellungen lässt sich dann durch eine Strecke der Länge $2j$ mit $2j + 1$ Punkten mit Abstand 1 darstellen, die den Gewichten von J_3 entsprechen. In Abbildung 6.1 sind die Gewichtsdiagramme der irreduziblen Darstellungen für $j = 0, \frac{1}{2}, 1, \frac{3}{2}$ dargestellt.

Bemerkung 6.3.5.
Auch die Wirkung der Leiteroperatoren J_+ und J_- lässt sich in einem Gewichtsdiagramm veranschaulichen. Der Aufsteigeoperator J_+ verschiebt innerhalb eines Multipletts um eine Einheit nach rechts, während der Absteigeoperator J_- um eine Einheit nach links verschiebt.

Wir werden später sehen, dass wir auch für die Darstellungen der Gruppe SU(3) entsprechende Gewichtsdiagramme betrachten können. Diese werden es uns auf

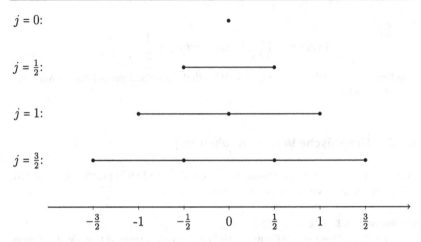

Abbildung 6.1 Gewichtsdiagramme der $2j + 1$-dimensionalen irreduziblen Darstellungen der Gruppe SU(2) für $j = 0, \frac{1}{2}, 1, \frac{3}{2}$.

einfache Weise ermöglichen, Darstellungen auf Tensorprodukträumen zu veranschaulichen und in irreduzible Darstellungen zu zerlegen.

6.4   Kopplung von Spins

Wollen wir Systeme betrachten, welche sich aus mehreren Quarks zusammensetzen, so müssen wir die Spinzustände der einzelnen Quarks miteinander koppeln. Hierfür betrachten wir im Folgenden allgemein die Kopplung zweier Systeme mit beliebigen Drehimpulsen.

6.4.1   Kopplung von Drehimpulsen

Wir betrachten zwei Systeme mit Drehimpulsen j_1 und j_2. Seien passend hierzu Ψ_{j_1} und Ψ_{j_2} zwei irreduzible Darstellungen der Gruppe SU(2) auf den komplexen Hilbert-Räumen V_{j_1} und V_{j_2}. Hierbei sind durch

$$\mathcal{B}_{j_1} = \{|j_1, m_1\rangle\} \quad \text{mit} \quad m_1 = -j_1, -j_1 + 1, \ldots, j_1 - 1, j_1,$$
$$\mathcal{B}_{j_2} = \{|j_2, m_2\rangle\} \quad \text{mit} \quad m_2 = -j_2, -j_2 + 1, \ldots, j_2 - 1, j_2,$$

Basen von V_{j_1} und V_{j_2} gegeben. Wollen wir nun ein System beschreiben, welches sich aus den beiden Systemen mit Drehimpuls j_1 und j_2 zusammensetzt, so betrachten wir hierfür den Tensorproduktraum $V_{j_1} \otimes V_{j_2}$ und die innere Tensorproduktdarstellung $\Psi_{j_1 \otimes j_2}$. Nach Satz 3.5.12 können wir diese innere Tensorproduktdarstellung in eine direkte Summe

$$\Psi_{j_1 \otimes j_2} = \Psi_{|j_1 - j_2|} \oplus \dots \oplus \Psi_{j_1 + j_2}$$

zerlegen. Entsprechend zerlegt sich der Tensorproduktraum zu

$$V_{j_1} \otimes V_{j_2} = V_{|j_1 - j_2|} \oplus \dots \oplus V_{j_1 + j_2}.$$

Wir wollen uns hierzu zunächst ein einfaches Beispiel anschauen:

Beispiel 6.4.1.
Ein zusammengesetztes System aus zwei Teilchen mit Spin $\frac{1}{2}$, also $j_1 = j_2 = \frac{1}{2}$ hat entweder den Spin $J = 1$ oder $J = 0$. Die Zerlegung des Tensorproduktraums schreiben wir symbolisch mit Hilfe der Dimensionen der irreduziblen Darstellungen [Hal84]. In unserem Fall also durch

$$2 \otimes 2 = 3 \oplus 1.$$

Kombinieren wir dieses System mit einem weiteren Teilchen mit Spin $\frac{1}{2}$, so erhalten wir

$$(2 \otimes 2) \otimes 2 = (3 \oplus 1) \otimes 2$$
$$= (3 \otimes 2) \oplus (1 \otimes 2)$$
$$= 4 \oplus 2 \oplus 2.$$

Eine alternative Notation ist es, die Zerlegung durch die j_i zu symbolisieren. In unserem Fall zerlegt sich der Tensorproduktraum der drei Spin-$\frac{1}{2}$-Teilchen dann zu

$$\left(\frac{1}{2} \otimes \frac{1}{2} \right) \otimes \frac{1}{2} = (1 \oplus 0) \otimes \frac{1}{2}$$
$$= \frac{3}{2} \oplus \frac{1}{2} \oplus \frac{1}{2}.$$

Somit koppeln drei Teilchen mit Spin $\frac{1}{2}$ zu einem Quartett mit Spin $\frac{3}{2}$ und zu zwei Dubletts mit Spin $\frac{1}{2}$.

6.4.2 Ungekoppelte und Gekoppelte Basis

Aktuell wissen wir zwar, dass eine solche Zerlegung des Tensorprodukts existiert, aber wir können diese nicht genau berechnen. In Abschnitt 3.5.3 haben wir gesehen, dass mit der Kenntnis der Basen von V_{j_1} und V_{j_2} eine Konstruktion einer Basis für den Tensorproduktraum möglich ist. Mit den Basen $\mathcal{B}_{j_1}$ und $\mathcal{B}_{j_2}$ folgt, dass wir ein beliebiges $x \in V_{j_1} \otimes V_{j_2}$ durch

$$x = \sum_{m_1=-j_1}^{j_1} \sum_{m_2=-j_2}^{j_2} a_{m_1,m_2} \mid j_1, m_1 \rangle \otimes \mid j_2, m_2 \rangle$$

ausdrücken können, wobei alle $a_{m_1,m_2} \in \mathbb{C}$. In der Physik verwenden wir für diese Basiselemente die Schreibweise

$$\mid j_1, m_1; j_2, m_2 \rangle := \mid j_1, m_1 \rangle \otimes \mid j_2, m_2 \rangle$$

und nennen diese Basis die *ungekoppelte Basis*. Da es sich bei $\mathcal{B}_{j_1}$ und $\mathcal{B}_{j_2}$ um orthogonale Basen handelt, ist auch die $(2j_1 + 1) \cdot (2j_2 + 1)$-dimensionale Basis des Tensorprodukts orthogonal. Es folgt die Orthogonalitätsrelation

$$\langle j_1, m_1; j_2, m_2 \mid j_1, m_1'; j_2, m_2' \rangle = \delta_{m_1 m_1'} \delta_{m_2 m_2'}.$$

Auf der anderen Seite ist gleichzeitig $x \in V_{|j_1-j_2|} \oplus \ldots \oplus V_{j_1+j_2}$. Da wir für $V_{|j_1-j_2|}, \ldots, V_{j_1+j_2}$ jeweils eine Basis kennen, kennen wir auch für die direkte Summe eine Basis, sodass

$$x = \sum_{j=|j_1-j_2|}^{j_1+j_2} \sum_{m=-j}^{j} b_{j,m} \mid (j_1, j_2)j, m \rangle$$

mit allen $b_{j,m} \in \mathbb{C}$. Hierbei deuten die in Klammern geschriebenen (j_1, j_2) den Ursprung dieser Basis an. Diese Basis nennt man die *gekoppelte Basis*. Hier gilt die Orthogonalitätsrelation

$$\langle (j_1, j_2)j, m \mid (j_1, j_2)j', m' \rangle = \delta_{jj'}\delta_{mm'}.$$

Bevor wir uns anschauen, wie wir zwischen den beiden Basen wechseln können, betrachten wir noch den Gesamtdrehimpulsoperator des zusammengesetzten Systems. Seine Komponenten sind durch

$$\Psi^{(j_1 \otimes j_2)}(J_i) = \Psi^{j_1}(J_i) \otimes \mathbb{1} + \mathbb{1} \otimes \Psi^{j_2}(J_i)$$

gegeben. In der Physik wird hierfür die vereinfachte Schreibweise

$$J_i = J_i(1) + J_i(2)$$

verwendet. Die Komponenten des Gesamtdrehimpulsoperators erfüllen entsprechend auch die Vertauschungsrelationen der Drehimpulsalgebra. Weiter gilt für ein Element $\mid (j_1, j_2)j, m \rangle$ der gekoppelten Basis

$$J^2(1) \mid (j_1, j_2)j, m \rangle = j_1(j_1 + 1) \mid (j_1, j_2)j, m \rangle,$$
$$J^2(2) \mid (j_1, j_2)j, m \rangle = j_2(j_2 + 1) \mid (j_1, j_2)j, m \rangle,$$
$$J^2 \mid (j_1, j_2)j, m \rangle = j(j + 1) \mid (j_1, j_2)j, m \rangle,$$
$$J_3 \mid (j_1, j_2)j, m \rangle = m \mid (j_1, j_2)j, m \rangle,$$

wobei j den Gesamtdrehimpuls und m den Eigenwert der Gesamtdrehimpulskomponente J_3 bezeichnet [Sch16].

6.4.3 Basiswechsel

Wir wollen uns nun kurz damit auseinandersetzen, wie wir zwischen der ungekoppelten und der gekoppelten Basis wechseln können. Hierzu stellen wir ein beliebiges Element der gekoppelten Basis durch

$$\mid (j_1, j_2)j, m \rangle = \sum_{m_1=-j_1}^{j_1} \sum_{m_2=-j_2}^{j_2} C_{m_1 m_2; jm} \mid j_1, m_1; j_2, m_2 \rangle$$

mit der ungekoppelten Basis dar. Die Koeffizienten $C_{m_1 m_2; jm}$ heißen *Clebsch-Gordan-Koeffizienten* und hängen hierbei sowohl von m_1 und m_2 als auch von j

und m ab[2]. Oft wird für die Clebsch-Gordan-Koeffizienten auch die übersichtlichere Notation

$$\mid (j_1, j_2) j, m \rangle = \sum_{m_1 = -j_1}^{j_1} \sum_{m_2 = -j_2}^{j_2} \begin{pmatrix} j_1 & j_2 & j \\ m_1 & m_2 & m \end{pmatrix} \mid j_1, m_1; j_2, m_2 \rangle$$

verwendet [Lin84]. Weiter kann man zeigen, dass umgekehrt

$$\mid j_1, m_1; j_2, m_2 \rangle = \sum_{j = |j_1 - j_2|}^{j_1 + j_2} \sum_{m = -j}^{j} \begin{pmatrix} j_1 & j_2 & j \\ m_1 & m_2 & m \end{pmatrix} \mid (j_1, j_2) j, m \rangle$$

gilt [Coh19]. Die Koeffizienten lassen sich hierbei auf einfache Weise berechnen, indem man wiederholt den Absteigeoperator

$$J_- = J_-(1) + J_-(2)$$

auf den Zustand

$$\mid (j_1, j_2) j, m = j \rangle = \mid j_1, m_1 = j_1; j_2, m_2 = j_2 \rangle$$

anwendet und die zuvor beschriebenen Orthogonalitätsrelationen verwendet. Eine genaue Beschreibung befindet sich zum Beispiel bei [GM94] in den Abschnitten 2.5 und 2.6.

Eine Übersicht mit den berechneten Werten von für uns relevanten Clebsch-Gordan-Koeffizienten befindet sich in Tabelle 6.1.

Bemerkung 6.4.2. ([Coh19], S. 1042)
Für Clebsch-Gordan-Koeffizienten gilt die Auswahlregel

$$\begin{pmatrix} j_1 & j_2 & j \\ m_1 & m_2 & m \end{pmatrix} = 0,$$

falls entweder

$$m \neq m_1 + m_2 \quad \text{oder} \quad j < j_1 - j_2 \quad \text{oder} \quad j > j_1 + j_2.$$

---

[2] Die obige Gleichung reicht nicht aus, um die Koeffizienten eindeutig zu definieren. Mit einer geeigneten Phasenkonvention sind alle Clebsch-Gordan-Koeffizienten eindeutig und reell [Coh19].

Tab. 6.1 Übersicht der Clebsch-Gordan-Koeffizienten für $j_1 = j_2 = \frac{1}{2}$ und $j_1 = 1; j_2 = \frac{1}{2}$ [T+18].

j_1	j_2	m_1	m_2	j	m	$\begin{pmatrix} j_1 & j_2 & j \\ m_1 & m_2 & m \end{pmatrix}$
$\frac{1}{2}$	$\frac{1}{2}$	$\frac{1}{2}$	$\frac{1}{2}$	1	1	1
$\frac{1}{2}$	$\frac{1}{2}$	$\frac{1}{2}$	$-\frac{1}{2}$	1	0	$\frac{1}{\sqrt{2}}$
$\frac{1}{2}$	$\frac{1}{2}$	$-\frac{1}{2}$	$\frac{1}{2}$	1	0	$\frac{1}{\sqrt{2}}$
$\frac{1}{2}$	$\frac{1}{2}$	$\frac{1}{2}$	$-\frac{1}{2}$	0	0	$\frac{1}{\sqrt{2}}$
$\frac{1}{2}$	$\frac{1}{2}$	$-\frac{1}{2}$	$\frac{1}{2}$	0	0	$-\frac{1}{\sqrt{2}}$
$\frac{1}{2}$	$\frac{1}{2}$	$-\frac{1}{2}$	$-\frac{1}{2}$	1	-1	1
1	$\frac{1}{2}$	1	$\frac{1}{2}$	$\frac{3}{2}$	$\frac{3}{2}$	1
1	$\frac{1}{2}$	1	$-\frac{1}{2}$	$\frac{3}{2}$	$\frac{1}{2}$	$\frac{1}{\sqrt{3}}$

j_1	j_2	m_1	m_2	j	m	$\begin{pmatrix} j_1 & j_2 & j \\ m_1 & m_2 & m \end{pmatrix}$
1	$\frac{1}{2}$	0	$\frac{1}{2}$	$\frac{3}{2}$	$\frac{1}{2}$	$\sqrt{\frac{2}{3}}$
1	$\frac{1}{2}$	1	$-\frac{1}{2}$	$\frac{1}{2}$	$\frac{1}{2}$	$\sqrt{\frac{2}{3}}$
1	$\frac{1}{2}$	0	$\frac{1}{2}$	$\frac{1}{2}$	$\frac{1}{2}$	$-\frac{1}{\sqrt{3}}$
1	$\frac{1}{2}$	0	$-\frac{1}{2}$	$\frac{3}{2}$	$-\frac{1}{2}$	$\sqrt{\frac{2}{3}}$
1	$\frac{1}{2}$	-1	$\frac{1}{2}$	$\frac{3}{2}$	$-\frac{1}{2}$	$\frac{1}{\sqrt{3}}$
1	$\frac{1}{2}$	0	$-\frac{1}{2}$	$\frac{1}{2}$	$-\frac{1}{2}$	$\frac{1}{\sqrt{3}}$
1	$\frac{1}{2}$	-1	$\frac{1}{2}$	$\frac{1}{2}$	$-\frac{1}{2}$	$-\sqrt{\frac{2}{3}}$
1	$\frac{1}{2}$	-1	$-\frac{1}{2}$	$\frac{3}{2}$	$\frac{3}{2}$	1

6.5   Spinzustände von Baryonen

In diesem Abschnitt wollen wir nun exemplarisch die möglichen Spinzustände eines Baryons bestimmen. Wie bereits in Kapitel 5 erwähnt, setzt sich ein Baryon aus drei Quarks zusammen. Genau wie in Abschnitt 6.1 betrachten wir zur Beschreibung des Spins eines Quarks den zweidimensionalen komplexen Hilbert-Raum $X = \mathbb{C}^2$ mit den Basiszuständen $|\uparrow\rangle$ und $|\downarrow\rangle$. Für die Beschreibung des Spins eines Baryons bilden wir entsprechend den dreifachen Tensorproduktraum $Z = X \otimes X \otimes X$. Wir haben bereits in Beispiel 6.4.1 gesehen, dass sich die Produktdarstellung $\frac{1}{2} \otimes \frac{1}{2} \otimes \frac{1}{2}$ in die direkte Summe $\frac{3}{2} \oplus \frac{1}{2} \oplus \frac{1}{2}$ irreduzibler Darstellungen zerlegt. Im Folgenden wollen wir nun explizit die Basiszustände der Trägerräume konstruieren. Hierbei verwenden wir die übliche Schreibweise $\uparrow\uparrow$ für den Zustand $|\uparrow; \uparrow\rangle$, bzw. $\chi_1 \otimes \chi_1$ und entsprechend für andere Kombinationen. Weiter verwenden wir anstelle von j und m die Buchstaben S und S_z, um zu kennzeichnen, dass wir Spins betrachten.

Wir beginnen, indem wir zunächst die ersten beiden Quarks miteinander koppeln. Aus Beispiel 6.4.1 wissen wir bereits, dass

$$\frac{1}{2} \otimes \frac{1}{2} = 1 \oplus 0$$

gilt. Weiter wissen wir, dass der Trägerraum der Darstellung zu $S = 1$ durch die drei Basiszustände

$$|(\tfrac{1}{2}, \tfrac{1}{2}) \, S = 1, S_z = 1\rangle, \quad |(\tfrac{1}{2}, \tfrac{1}{2}) \, S = 1, S_z = 0\rangle \quad \text{und} \quad |(\tfrac{1}{2}, \tfrac{1}{2}) \, S = 1, S_z = -1\rangle$$

aufgespannt wird. Diese wollen wir nun durch die ungekoppelte Basis ausdrücken. Mit Abschnitt 6.4.3 und Bemerkung 6.4.2 folgt

$$|(\tfrac{1}{2}, \tfrac{1}{2}) \, S = 1, S_z = 1\rangle = \begin{pmatrix} \tfrac{1}{2} & \tfrac{1}{2} \\ \tfrac{1}{2} & \tfrac{1}{2} \end{pmatrix} \begin{vmatrix} 1 \\ 1 \end{vmatrix} |\uparrow; \uparrow\rangle,$$

$$|(\tfrac{1}{2}, \tfrac{1}{2}) \, S = 1, S_z = 0\rangle = \begin{pmatrix} \tfrac{1}{2} & \tfrac{1}{2} \\ -\tfrac{1}{2} & \tfrac{1}{2} \end{pmatrix} \begin{vmatrix} 1 \\ 1 \end{vmatrix} |\downarrow; \uparrow\rangle + \begin{pmatrix} \tfrac{1}{2} & \tfrac{1}{2} \\ \tfrac{1}{2} & -\tfrac{1}{2} \end{pmatrix} \begin{vmatrix} 1 \\ 1 \end{vmatrix} |\uparrow; \downarrow\rangle,$$

$$|(\tfrac{1}{2}, \tfrac{1}{2}) \, S = 1, S_z = -1\rangle = \begin{pmatrix} \tfrac{1}{2} & \tfrac{1}{2} \\ -\tfrac{1}{2} & -\tfrac{1}{2} \end{pmatrix} \begin{vmatrix} 1 \\ 1 \end{vmatrix} |\downarrow; \downarrow\rangle.$$

Entnehmen wir die Werte für die Clebsch-Gordan-Koeffizienten aus Tabelle 6.1, so folgt für $S = 1$ übersichtlich

	$\uparrow\uparrow$	$\frac{1}{\sqrt{2}}(\uparrow\downarrow + \downarrow\uparrow)$	$\downarrow\downarrow$
S_z	1	0	-1

Diese drei Zustände sind alle symmetrisch unter der Vertauschung von Quark 1 und Quark 2. Für $S = 0$ gibt es nur den Zustand $|(\frac{1}{2}\frac{1}{2})\, S = 0, S_z = 0\rangle$. Mit Hilfe der Clebsch-Gordan-Koeffizienten

$$\begin{pmatrix} \frac{1}{2} & \frac{1}{2} & 0 \\ \frac{1}{2} & -\frac{1}{2} & 0 \end{pmatrix} = -\begin{pmatrix} \frac{1}{2} & \frac{1}{2} & 0 \\ -\frac{1}{2} & \frac{1}{2} & 0 \end{pmatrix} = \frac{1}{\sqrt{2}}$$

aus Tabelle 6.1 folgt analog zu oben

	$\frac{1}{\sqrt{2}}(\uparrow\downarrow - \downarrow\uparrow)$
S_z	0

Dieser Zustand ist antisymmetrisch unter der Vertauschung von Quark 1 und Quark 2. Jetzt können wir auch das dritte Quark koppeln. Wir haben in Beispiel 6.4.1 gesehen, dass

$$(1 \oplus 0) \otimes \frac{1}{2} = \frac{3}{2} \oplus \frac{1}{2} \oplus \frac{1}{2}$$

gilt. Wir beginnen erneut mit dem größtmöglichen Gesamtspin, nämlich $S = \frac{3}{2}$. Dieser kann nur erreicht werden, wenn wir das Multiplett zu $S = 1$ mit dem dritten Quark koppeln. Wir erhalten nach Abschnitt 6.4.3 die folgenden Zerlegungen für die vier Basiszustände zu $S = \frac{3}{2}$:

$$|(1, \tfrac{1}{2})\, S = \tfrac{3}{2}, S_z = \tfrac{3}{2}\rangle = \begin{pmatrix} 1 & \frac{1}{2} & \frac{3}{2} \\ 1 & \frac{1}{2} & \frac{3}{2} \end{pmatrix} |\uparrow;\uparrow;\uparrow\rangle,$$

$$|(1, \tfrac{1}{2})\, S = \tfrac{3}{2}, S_z = \tfrac{1}{2}\rangle = \begin{pmatrix} 1 & \frac{1}{2} & \frac{3}{2} \\ 0 & \frac{1}{2} & \frac{1}{2} \end{pmatrix} \frac{1}{\sqrt{2}} |(\uparrow;\downarrow + \downarrow;\uparrow);\uparrow\rangle + \begin{pmatrix} 1 & \frac{1}{2} & \frac{3}{2} \\ 1 & -\frac{1}{2} & \frac{1}{2} \end{pmatrix} |\uparrow;\uparrow;\downarrow\rangle,$$

$$|(1, \tfrac{1}{2})\, S = \tfrac{3}{2}, S_z = -\tfrac{1}{2}\rangle = \begin{pmatrix} 1 & \frac{1}{2} & \frac{3}{2} \\ 0 & -\frac{1}{2} & -\frac{1}{2} \end{pmatrix} \frac{1}{\sqrt{2}} |(\uparrow;\downarrow + \downarrow;\uparrow);\downarrow\rangle + \begin{pmatrix} 1 & \frac{1}{2} & \frac{3}{2} \\ -1 & \frac{1}{2} & -\frac{1}{2} \end{pmatrix} |\downarrow;\downarrow;\uparrow\rangle,$$

$$|(1, \tfrac{1}{2})\, S = \tfrac{3}{2}, S_z = -\tfrac{3}{2}\rangle = \begin{pmatrix} 1 & \frac{1}{2} & \frac{3}{2} \\ -1 & -\frac{1}{2} & -\frac{3}{2} \end{pmatrix} |\downarrow;\downarrow;\downarrow\rangle.$$

Die Werte für die Clebsch-Gordan-Koeffizienten können wir erneut aus Tabelle 6.1 ablesen. Übersichtlich dargestellt erhalten wir somit für $S = \frac{3}{2}$: .

	$\uparrow\uparrow\uparrow$	$\frac{1}{\sqrt{3}}(\uparrow\downarrow\uparrow + \downarrow\uparrow\uparrow + \uparrow\uparrow\downarrow)$	$\frac{1}{\sqrt{3}}(\uparrow\downarrow\downarrow + \downarrow\uparrow\downarrow + \downarrow\downarrow\uparrow)$	$\downarrow\downarrow\downarrow$
S_z	$\frac{3}{2}$	$\frac{1}{2}$	$-\frac{1}{2}$	$-\frac{3}{2}$

Diese Zustände sind alle symmetrisch unter der Vertauschung von zwei beliebigen Quarks. Man bezeichnet diese deshalb auch häufig mit dem Symbol χ_S, wobei das S für *symmetric* (englisch für symmetrisch) steht [Sch16].

Wir betrachten nun den Gesamtspin von $S = \frac{1}{2}$. Dieser kann sowohl durch die Kopplung $1 \otimes \frac{1}{2}$ als auch durch $0 \otimes \frac{1}{2}$ zu Stande kommen. Wir betrachten die Fälle separat:

(1) Wir beginnen mit dem Fall $1 \otimes \frac{1}{2}$. Für die zwei Basiszustände zu $S = \frac{1}{2}$ folgt:

$$|(1, \tfrac{1}{2}) S = \tfrac{1}{2}, S_z = \tfrac{1}{2}\rangle = \begin{pmatrix} 1 & \frac{1}{2} & \frac{1}{2} \\ 1 & -\frac{1}{2} & \frac{1}{2} \end{pmatrix} |\uparrow; \uparrow; \downarrow\rangle + \begin{pmatrix} 1 & \frac{1}{2} & \frac{1}{2} \\ 0 & \frac{1}{2} & \frac{1}{2} \end{pmatrix} \frac{1}{\sqrt{2}} |(\uparrow; \downarrow + \downarrow; \uparrow); \uparrow\rangle,$$

$$|(1, \tfrac{1}{2}) S = \tfrac{1}{2}, S_z = -\tfrac{1}{2}\rangle = \begin{pmatrix} 1 & \frac{1}{2} & \frac{1}{2} \\ -1 & \frac{1}{2} & -\frac{1}{2} \end{pmatrix} |\downarrow; \downarrow; \uparrow\rangle + \begin{pmatrix} 1 & \frac{1}{2} & \frac{1}{2} \\ 0 & -\frac{1}{2} & -\frac{1}{2} \end{pmatrix} \frac{1}{\sqrt{2}} |(\uparrow; \downarrow + \downarrow; \uparrow); \downarrow\rangle.$$

Setzen wir erneut die Werte für die Clebsch-Gordan-Koeffizienten ein, so erhalten wir

	$\frac{1}{\sqrt{6}}(2\uparrow\uparrow\downarrow - \uparrow\downarrow\uparrow - \downarrow\uparrow\uparrow)$	$-\frac{1}{\sqrt{6}}(2\downarrow\downarrow\uparrow - \uparrow\downarrow\downarrow - \downarrow\uparrow\downarrow)$
S_z	$\frac{1}{2}$	$-\frac{1}{2}$

Diese Zustände sind symmetrisch bezüglich der Vertauschung von Quark 1 und Quark 2 und besitzen keine Symmetrie, bei der Vertauschung zweier anderer Quarks. Aus diesem Grund werden diese Zustände auch mit $\chi_{M,S}$ bezeichnet, wobei der Index für *mixed symmetric* (englisch für gemischt symmetrisch) steht [Sch16].

(2) Betrachten wir nun zuletzt noch den zweiten Fall $0 \otimes \frac{1}{2}$. Für die zwei Basiszustände zu $S = \frac{1}{2}$ folgt:

$$|(0, \tfrac{1}{2}) \, S = \tfrac{1}{2}, S_z = \tfrac{1}{2}\rangle = \begin{pmatrix} 0 & \tfrac{1}{2} \\ 0 & \tfrac{1}{2} \end{pmatrix} \begin{pmatrix} \tfrac{1}{2} \\ \tfrac{1}{2} \end{pmatrix} \frac{1}{\sqrt{2}} |(\uparrow; \downarrow + \downarrow; \uparrow); \uparrow\rangle,$$

$$|(0, \tfrac{1}{2}) \, S = \tfrac{1}{2}, S_z = -\tfrac{1}{2}\rangle = \begin{pmatrix} 0 & \tfrac{1}{2} \\ 0 & -\tfrac{1}{2} \end{pmatrix} \begin{pmatrix} \tfrac{1}{2} \\ -\tfrac{1}{2} \end{pmatrix} \frac{1}{\sqrt{2}} |(\uparrow; \downarrow + \downarrow; \uparrow); \downarrow\rangle.$$

Mit den Werten der Clebsch-Gordan-Koeffizienten aus Tabelle 6.1 folgt schließlich

S_z	$\frac{1}{\sqrt{2}}(\uparrow\downarrow\uparrow - \downarrow\uparrow\uparrow)$	$-\frac{1}{\sqrt{2}}(\downarrow\uparrow\downarrow - \uparrow\downarrow\downarrow)$
	$\frac{1}{2}$	$-\frac{1}{2}$

Diese Zustände sind antisymmetrisch bezüglich der Vertauschung von Quark 1 und Quark 2 und besitzen keine Symmetrie bei der Vertauschung zweier anderer Quarks. Deshalb werden diese Zustände auch mit $\chi_{M,A}$ bezeichnet, wobei der Index für *mixed antisymmetric* (englisch für gemischt antisymmetrisch) steht [Sch16].

Wir haben nun also alle Basiszustände der Trägerräume der direkten Summe $\frac{3}{2} \oplus \frac{1}{2} \oplus \frac{1}{2}$ konstruiert. Diese sind nochmal übersichtlich in Tabelle 6.2 dargestellt.

Tab. 6.2 Basiszustände der Trägerräume der irreduziblen Darstellungen aus der Clebsch-Gordan-Zerlegung von $\frac{1}{2} \otimes \frac{1}{2} \otimes \frac{1}{2} = \frac{3}{2} \oplus \frac{1}{2} \oplus \frac{1}{2}$.

Kopplung	S	S_z	Basiszustand	Symmetrie
$1 \otimes \frac{1}{2}$	$\frac{3}{2}$	$\frac{3}{2}$	$\uparrow\uparrow\uparrow$	symmetrisch
$1 \otimes \frac{1}{2}$	$\frac{3}{2}$	$\frac{1}{2}$	$\frac{1}{\sqrt{3}}(\uparrow\downarrow\uparrow + \downarrow\uparrow\uparrow + \uparrow\uparrow\downarrow)$	symmetrisch
$1 \otimes \frac{1}{2}$	$\frac{3}{2}$	$-\frac{1}{2}$	$\frac{1}{\sqrt{3}}(\uparrow\downarrow\downarrow + \downarrow\uparrow\downarrow + \downarrow\downarrow\uparrow)$	symmetrisch
$1 \otimes \frac{1}{2}$	$\frac{3}{2}$	$-\frac{3}{2}$	$\downarrow\downarrow\downarrow$	symmetrisch
$1 \otimes \frac{1}{2}$	$\frac{1}{2}$	$\frac{1}{2}$	$\frac{1}{\sqrt{6}}(2\uparrow\uparrow\downarrow - \uparrow\downarrow\uparrow - \downarrow\uparrow\uparrow)$	gemischt symmetrisch
$1 \otimes \frac{1}{2}$	$\frac{1}{2}$	$-\frac{1}{2}$	$-\frac{1}{\sqrt{6}}(2\downarrow\downarrow\uparrow - \uparrow\downarrow\downarrow - \downarrow\uparrow\downarrow)$	gemischt symmetrisch
$0 \otimes \frac{1}{2}$	$\frac{1}{2}$	$\frac{1}{2}$	$\frac{1}{\sqrt{2}}(\uparrow\downarrow\uparrow - \downarrow\uparrow\uparrow)$	gemischt antisymmetrisch
$0 \otimes \frac{1}{2}$	$\frac{1}{2}$	$-\frac{1}{2}$	$-\frac{1}{\sqrt{2}}(\downarrow\uparrow\downarrow - \uparrow\downarrow\downarrow)$	gemischt antisymmetrisch

Es fällt auf, dass sich die drei Multipletts durch ihre Symmetrien voneinander unterscheiden. Insbesondere unterscheiden sich hierin auch die beiden Multipletts für $S = \frac{1}{2}$. Diese sind symmetrisch, bzw. antisymmetrisch unter der Vertauschung von Quark 1 und Quark 2, da wir diese beiden Quarks zuerst miteinander gekoppelt haben. Koppelt man zuerst zwei andere Quarks, so sind die entsprechenden Zustände symmetrisch, bzw. antisymmetrisch bezüglich der Vertauschung dieser Quarks.

6.6   Isospin

Das Konzept des Isospins wurde bereits 1932 von Werner Heisenberg eingeführt [Hei32]. Ihm fiel auf, dass das Proton und das Neutron, abgesehen von ihrer Ladung, nahezu identische Eigenschaften haben. Das Neutron ist mit einer Masse von $m_n = 939.57$ MeV nur unwesentlich schwerer als das Proton mit einer Masse von $m_p = 938.27$ MeV [T+18]. Weiter verhalten sich beide Teilchen identisch bezüglich der starken Wechselwirkung. Dies führte Heisenberg zu der Annahme, dass Proton und Neutron zwei unabhängige unterschiedliche Zustände desselben Teilchens, dem Nukleon, sind. Bezeichnet I den Gesamtisospin und I_3 seine dritte Komponente, so hat das Nukleon den Gesamtisospin $I = \frac{1}{2}$ und Proton und Neutron sind durch die Zustände

$$p = |I = \tfrac{1}{2}, I_3 = \tfrac{1}{2}\rangle \quad \text{und} \quad n = |I = \tfrac{1}{2}, I_3 = -\tfrac{1}{2}\rangle$$

gegeben. Der Hamilton-Operator der starken Wechselwirkung ist invariant unter einer beliebigen Transformation durch die Gruppe SU(2). Diese Invarianz nennt man *Isospinsymmetrie*. Es folgt, dass die mathematische Beschreibung analog zu der eines Spins-$\frac{1}{2}$-Systems ist[3].

Wir wollen diese Symmetrie nun auf der Ebene der Quarks betrachten. Im Rahmen des Quarkmodels besitzt das Up-Quark den Isospin $I_3 = \frac{1}{2}$ und das Down-Quark den Isospin $I_3 = -\frac{1}{2}$. Alle anderen Quark-Flavours tragen keinen Isospin. Das Proton ist dann ein Zustand, welcher sich aus zwei Up-Quarks und einem Down-Quark ($p = uud$) zusammensetzt, während der Zustand des Neutrons aus einem Up-Quark und zwei Down-Quarks ($n = udd$) besteht. Die Massen des Up- und des Down-Quarks sind nicht identisch, aber sie liegen beide in einer Größenordnung von wenigen MeV, was gegenüber der typischen Energieskala von Hadronen, welche bei ungefähr einem GeV liegt, sehr klein ist. Weiter unterscheidet die Quark-

---

[3] Hieraus stammt auch der Name *Isospin*, aus dem altgriechischen ἴσος *isos*, zu deutsch „gleich"

Gluonen-Wechselwirkung nicht bezüglich verschiedener Flavours von Quarks. Dies sind die Gründe, warum die Isospinsymmetrie auf der Ebene der Hadronen so gut funktioniert und warum Isospinmultiplets ungefähr gleiche Massen aufweisen.

Die mathematische Beschreibung des Isospins funktioniert analog der Beschreibung des Spins in den vorherigen Abschnitten. Im komplexen Hilbert-Raum X werden hierbei einfach die Zustände $|\uparrow\rangle$ durch $|u\rangle$ und $|\downarrow\rangle$ durch $|d\rangle$ ersetzt. Diese transformieren dann genau wie in Abschnitt 6.1 unter der Fundamentaldarstellung der Gruppe $SU(2)$. Zur Beschreibung der Antiquarks $\bar{u}$ und $\bar{d}$, welche ebenfalls Isospin tragen, verwendet man den zu X dualen Raum X^*. Die Zustände hier transformieren dann unter der zur Fundamentaldarstellung komplex konjugierten Darstellung der Gruppe $SU(2)$.

SU(3)

7

In diesem Kapitel wollen wir uns damit auseinandersetzen, wie sich die Multiplett-struktur der Hadronen, die man in den 1960er Jahren kannte, mit Hilfe einer inneren SU(3)-Symmetrie erklären lässt. Wir werden hierbei sehen, dass die Multipletts auf natürliche Weise zustande kommen, wenn sich die Hadronen aus den drei leichten Quarks, also dem Up-, Down-, und Strange-Quark und den zugehörigen Antiquarks zusammensetzen. Als Werkzeug verwenden wir die Darstellungstheorie der SU(3) und zerlegen genau wie in Kapitel 6 Produktzustände in eine direkte Summe irreduzibler Darstellungen. Im Anschluss werden wir noch kurz die Gruppe SU(3) als Symmetriegruppe für die Farbe der Quarks diskutieren.

7.1 Flavour-SU(3) der leichten Quarks

Wir betrachten die drei leichten Quarks, u, d und s. Damit eine SU(3)-Symmetrie bezüglich dieser drei Quarks gegeben ist, müssen wir folgende Annahmen treffen:

1. Die starke Wechselwirkung ist invariant bezüglich SU(3)-Transformationen, unterscheidet also nicht zwischen den verschiedenen Quark-Flavours.
2. Die Massen der drei Quarks sind gleich, das heißt es gilt $m_u = m_d = m_s$.

Ergänzende Information Die elektronische Version dieses Kapitels enthält Zusatzmaterial, auf das über folgenden Link zugegriffen werden kann https://doi.org/10.1007/978-3-658-36073-3_7.

105
J. Schaeffer, *SU(n), Darstellungstheorie und deren Anwendung im Quarkmodell*, BestMasters, https://doi.org/10.1007/978-3-658-36073-3_7

Zumindest die zweite Annahme ist nicht exakt erfüllt (siehe Tabelle 5.1). Die Massendifferenzen sind aber klein genug, um noch sinnvolle Ergebnisse mit der Annahme einer SU(3)-Symmetrie zu erzielen.

Zur mathematischen Beschreibung betrachten wir einen dreidimensionalen komplexen Hilbert-Raum $X = \mathbb{C}^3$, welcher durch die orthonormalen Basisvektoren

$$\chi_1 = |u\rangle = \begin{pmatrix} 1 \\ 0 \\ 0 \end{pmatrix}, \quad \chi_2 = |d\rangle = \begin{pmatrix} 0 \\ 1 \\ 0 \end{pmatrix} \quad \text{und} \quad \chi_3 = |s\rangle = \begin{pmatrix} 0 \\ 0 \\ 1 \end{pmatrix}$$

aufgespannt wird. Wir ordnen also jedem Basisvektor einen Quarkzustand zu. Ein allgemeiner normierter Quarkzustand ist dann durch

$$|\psi\rangle = \alpha|u\rangle + \beta|d\rangle + \gamma|s\rangle \quad \text{mit} \quad |\alpha|^2 + |\beta|^2 + |\gamma|^2 = 1$$

gegeben, wobei $\alpha, \beta, \gamma \in \mathbb{C}$. Durch die Fundamentaldarstellung

$$\varphi_f : SU(3) \longrightarrow GL(X)$$
$$U \longmapsto U$$

der Gruppe SU(3) transformiert ein solcher Zustand $|\psi\rangle$ gemäß

$$|\psi'\rangle = U|\psi\rangle$$

in einen Zustand $|\psi'\rangle$.

Zur Beschreibung der drei Antiquarks $\bar{u}, \bar{d}$ und $\bar{s}$ verwenden wir den zu X dualen Raum X^* (siehe Definition 3.5.3), welcher durch die duale Basis

$$\chi_1^* = |\bar{u}\rangle = \begin{pmatrix} 1 \\ 0 \\ 0 \end{pmatrix}, \quad \chi_2^* = |\bar{d}\rangle = \begin{pmatrix} 0 \\ 1 \\ 0 \end{pmatrix} \quad \text{und} \quad \chi_3^* = |\bar{s}\rangle = \begin{pmatrix} 0 \\ 0 \\ 1 \end{pmatrix}$$

aufgespannt wird. Analog zu einem allgemeinen Quarkzustand ist ein allgemeiner Antiquarkzustand durch

$$|\phi^*\rangle = \alpha|\bar{u}\rangle + \beta|\bar{d}\rangle + \gamma|\bar{s}\rangle \quad \text{mit} \quad |\alpha|^2 + |\beta|^2 + |\gamma|^2 = 1$$

gegeben. Ein solcher Zustand des dualen Raums transformiert entsprechend durch die duale Darstellung

$$\varphi_{df} : SU(3) \longrightarrow GL(X^*)$$
$$U \longmapsto U^*$$

der Gruppe $SU(3)$, welche nach Lemma 3.5.6 für die Gruppe $SU(3)$ identisch mit der komplex konjugierten Darstellung ist. Ein beliebiger Antiquarkzustand wird folglich gemäß

$$|\phi^{*\prime}\rangle = U^* |\phi^*\rangle$$

transformiert.

7.2 Generatoren der SU(3)

Genau wie in Abschnitt 6.2 wollen wir nun die Elemente der Gruppe $SU(3)$ mit Hilfe ihrer Lie-Algebra $\mathfrak{su}(3)$ und der Exponentialabbildung darstellen. Aus Teil I wissen wir, dass die zugehörige Lie-Algebra der Lie-Gruppe $SU(3)$ durch

$$\mathfrak{su}(3) = \{A \in M_3(\mathbb{C}) | A^\dagger = -A \text{ und spur} A = 0\}$$

gegeben ist. Mit Lemma 6.2.1 folgt für die Dimension

$$\dim SU(3) = \dim \mathfrak{su}(3) = 3^2 - 1 = 8.$$

Für eine Basis der Lie-Algebra $\mathfrak{su}(3)$ benötigen wir also acht linear unabhängige schiefhermitesche 3×3-Matrizen mit verschwindender Spur. Hierfür betrachten wir zunächst die in der Physik gebräuchlichen *Gell-Mann-Matrizen*:

Definition 7.2.1. [Gel61]
Die hermiteschen und spurlosen Matrizen

$$\lambda_1 := \begin{pmatrix} 0 & 1 & 0 \\ 1 & 0 & 0 \\ 0 & 0 & 0 \end{pmatrix}, \quad \lambda_2 := \begin{pmatrix} 0 & -i & 0 \\ i & 0 & 0 \\ 0 & 0 & 0 \end{pmatrix}, \quad \lambda_3 := \begin{pmatrix} 1 & 0 & 0 \\ 0 & -1 & 0 \\ 0 & 0 & 0 \end{pmatrix},$$

$$\lambda_4 := \begin{pmatrix} 0 & 0 & 1 \\ 0 & 0 & 0 \\ 1 & 0 & 0 \end{pmatrix}, \quad \lambda_5 := \begin{pmatrix} 0 & 0 & -i \\ 0 & 0 & 0 \\ i & 0 & 0 \end{pmatrix}, \quad \lambda_6 := \begin{pmatrix} 0 & 0 & 0 \\ 0 & 0 & 1 \\ 0 & 1 & 0 \end{pmatrix},$$

$$\lambda_7 := \begin{pmatrix} 0 & 0 & 0 \\ 0 & 0 & -i \\ 0 & i & 0 \end{pmatrix}, \quad \lambda_8 := \frac{1}{\sqrt{3}}\begin{pmatrix} 1 & 0 & 0 \\ 0 & 1 & 0 \\ 0 & 0 & -2 \end{pmatrix}$$

heißen *Gell-Mann-Matrizen*.

Bemerkung 7.2.2.
Die Gell-Mann-Matrizen sind linear unabhängig. Definieren wir

$$B_i = -i\frac{\lambda_i}{2},$$

so sind diese schiefhermitesch und spurlos. Somit bilden die B_i eine Basis der Lie-Algebra $\mathfrak{su}(3)$.

Betrachten wir die Gell-Mann-Matrizen etwas genauer, so stellen wir fest, dass die Matrizen $\lambda_1, \lambda_2, \lambda_4, \lambda_5, \lambda_6$ und λ_7 entstehen, indem wir die Pauli-Matrizen σ_1 und σ_2 aus Definition 6.2.2 zu einer dreidimensionalen Matrix erweitern und mit Nullen auffüllen. Die Gell-Mann-Matrix λ_3 ist eine Erweiterung der dritten Pauli-Matrix σ_3. Dies ermöglicht es uns später, auf einfache Art und Weise SU(2)-Unteralgebren in der Lie-Algebra der SU(3) zu identifizieren.

In Analogie zu Abschnitt 6.2 können wir ein beliebiges $U \in$ SU(3) mit Hilfe der Exponentialfunktion durch ein Element der Lie-Algebra $\mathfrak{su}(3)$ ausdrücken. Es ist

$$U = \exp(\Theta_i B_i) = \exp\left(-i\Theta_i \frac{\lambda_i}{2}\right),$$

für gewisse $\Theta_1, \ldots, \Theta_8 \in \mathbb{R}$. Somit sind die λ_i Generatoren der Gruppe SU(3). Analog zur Lie-Gruppe SU(2) (Generatoren $J_i = \frac{1}{2}\sigma_i$) werden die tatsächlichen Generatoren zu $F_i := \frac{1}{2}\lambda_i$ gewählt. Diese erfüllen dann die Vertauschungsrelationen

$$[F_i, F_j] = if_{ijk}F_k,$$

wobei sich die berechneten Werte für die Strukturkonstanten im Anhang A.2 im elektronischen Zusatzmaterial befinden. Da die komplexe Konjugation mit der Addition und der Multiplikation von Matrizen verträglich ist und $B^* = -B^T$ für alle $B \in \mathfrak{su}(3)$, folgt, dass

$$U^* = \exp(\Theta_i B_i^*) = \exp(\Theta_i(-B_i^T)) = \exp\left(+i\Theta_i \frac{\lambda_i^T}{2}\right).$$

Für die duale Darstellung der Gruppe SU(3) verwenden wir also die Matrizen $-\frac{\lambda_i^T}{2}$. Wir wollen diese Erkenntnisse kurz etwas präzisieren: Die Fundamentaldarstellung der Lie-Algebra $\mathfrak{su}(3)$

$$\Psi_f : \mathfrak{su}(3) \longrightarrow \mathfrak{gl}(X)$$
$$B_i \longmapsto B_i$$

und die dazu duale Darstellung

$$\Psi_{df} : \mathfrak{su}(3) \longrightarrow \mathfrak{gl}(X^*)$$
$$B_i \longmapsto -B_i^T$$

liefern uns Generatoren für die Fundamentaldarstellung φ_f, bzw. die dazu duale Darstellung φ_{df} der Gruppe SU(3).

Bemerkung 7.2.3.
In Abschnitt 6.2 haben wir gesehen, dass für die Generatoren σ_1, σ_2 und σ_3 der Lie-Gruppe SU(2) gilt, dass

$$[\sigma_i, \sigma_j] = 0 \quad \Leftrightarrow \quad i = j.$$

Die σ_i vertauschen also nur mit sich selbst, sodass wir in diesem Fall nur eine Quantenzahl angeben konnten. In unserem konkreten Fall war dies die Spinprojektion S_z.

Im Falle der Lie-Gruppe SU(3) gilt für die Generatoren λ_3 und λ_8, dass

$$[\lambda_3, \lambda_8] = 0.$$

Keiner der übrigen Generatoren $\lambda_1, \lambda_2, \lambda_4, \lambda_5, \lambda_6$ und λ_7 vertauscht sowohl mit λ_3 als auch mit λ_8. Wir finden also simultane Eigenzustände zu λ_3 und λ_8 und können folglich zwei Quantenzahlen angeben.

Im allgemeinen Fall der Lie-Gruppe SU(n) können wir aus den $n^2 - 1$ Generatoren $n - 1$ viele auswählen, welche paarweise miteinander vertauschen[1]. Entsprechend können wir dann $n - 1$ Quantenzahlen angeben.

---

[1] Es gibt n linear unabhängige diagonale $n \times n$-Matrizen. Da die Matrizen der Lie-Algebra $\mathfrak{su}(n)$ spurlos sind, eliminiert dies die Einheitsmatrix. Es existieren somit nur $n - 1$ linear unabhängige spurlose $n \times n$-Matrizen.

Bemerkung 7.2.4.

Die Basisvektoren χ_i sind Eigenzustände zu den Operatoren

$$I_{3f} = i\Psi_f(B_3) = \frac{1}{2}\lambda_3 = \begin{pmatrix} \frac{1}{2} & 0 & 0 \\ 0 & -\frac{1}{2} & 0 \\ 0 & 0 & 0 \end{pmatrix},$$

$$Y_f = i\Psi_f(\frac{2}{\sqrt{3}}B_8) = \frac{1}{\sqrt{3}}\lambda_8 = \begin{pmatrix} \frac{1}{3} & 0 & 0 \\ 0 & \frac{1}{3} & 0 \\ 0 & 0 & -\frac{2}{3} \end{pmatrix},$$

wobei die Eigenwerte auf den Diagonalen die Isospinprojektion I_3 und die Hyperladung Y der Quarks bezeichnen.

Entsprechend sind die Basisvektoren ϕ_i^* Eigenzustände zu den Operatoren

$$I_{3df} = i\Psi_{df}(B_3) = -\frac{1}{2}\lambda_3^T = \begin{pmatrix} -\frac{1}{2} & 0 & 0 \\ 0 & \frac{1}{2} & 0 \\ 0 & 0 & 0 \end{pmatrix},$$

$$Y_{df} = i\Psi_{df}(\frac{2}{\sqrt{3}}B_8) = -\frac{1}{\sqrt{3}}\lambda_8^T = \begin{pmatrix} -\frac{1}{3} & 0 & 0 \\ 0 & -\frac{1}{3} & 0 \\ 0 & 0 & \frac{2}{3} \end{pmatrix},$$

wobei die Eigenwerte auf den Diagonalen die Isospinprojektion I_3 und die Hyperladung Y der Antiquarks bezeichnen.

7.3   Die endlichdimensionalen irreduziblen Darstellungen

Genau wie in Kapitel 6 wollen wir nun auf Grundlage der Lie-Algebra der Operatoren F_i und den entsprechenden Vertauschungsrelationen Rückschlüsse auf die möglichen irreduziblen Darstellungen der Gruppe SU(3) ziehen. Hierbei werden wir das zu Grunde liegende Konzept kurz skizzieren, aber die Konstruktion der irreduziblen Darstellungen nicht explizit durchführen. Eine ausführliche Beschreibung befindet sich zum Beispiel bei [GM94] in Abschnitt 7.4 folgende.

7.3.1 Unteralgebren und Leiteroperatoren der SU(3)-Lie-Algebra

Im Folgenden werden wir alle Operatoren stets mit einem Hut kennzeichnen, um sie später von gleichnamigen Eigenwerten unterscheiden zu können. Genau wie bei dem Verfahren der Konstruktion der irreduziblen Darstellungen der Gruppe SU(2) wollen wir, ausgehend von den Operatoren $\hat{F}_i$, weitere Operatoren definieren, die für uns nützliche Eigenschaften erfüllen. Wie bereits in Abschnitt 7.2 erwähnt, sind die Gell-Mann-Matrizen λ_i und somit auch die Operatoren $\hat{F}_i = \frac{\lambda_i}{2}$ so gewählt, dass sich leicht SU(2)-Unteralgebren konstruieren lassen. Definieren wir die drei Operatoren

$$\hat{T}_+ := \hat{F}_1 + i\hat{F}_2, \qquad \hat{T}_- := \hat{F}_1 - i\hat{F}_2 \quad \text{und} \quad \hat{T}_3 := \hat{F}_3,$$

so erfüllen diese die aus Abschnitt 6.3.1 bekannten Vertauschungsrelationen

$$[\hat{T}_+, \hat{T}_-] = 2\hat{T}_3 \quad \text{und} \quad [\hat{T}_3, \hat{T}_\pm] = \pm\hat{T}_\pm$$

der SU(2)-Algebra und bilden somit eine Unteralgebra der SU(3)-Algebra. Für den Operator der Hyperladung, welchen wir bereits im vorherigen Abschnitt kennengelernt haben, gilt

$$\hat{Y} := \frac{2}{\sqrt{3}}\hat{F}_8.$$

Definieren wir weiter

$$\hat{U}_\pm := \hat{F}_6 \pm i\hat{F}_7, \quad \hat{U}_3 := \frac{1}{2}\left(\frac{3}{2}\hat{Y} + \hat{T}_3\right) \quad \text{und} \quad \hat{V}_\pm := \hat{F}_4 \pm i\hat{F}_5, \quad \hat{V}_3 := \frac{1}{2}\left(\frac{3}{2}\hat{Y} - \hat{T}_3\right),$$

so erfüllen diese ebenfalls die Vertauschungsrelationen

$$[\hat{U}_+, \hat{U}_-] = 2\hat{U}_3, \quad [\hat{U}_3, \hat{U}_\pm] = \pm\hat{U}_\pm \quad \text{und} \quad [\hat{V}_+, \hat{V}_-] = 2\hat{V}_3, \quad [\hat{V}_3, \hat{V}_\pm] = \pm\hat{V}_\pm.$$

Wegen dieser SU(2)-Vertauschungsrelationen spricht man auch vom $T-$, $U-$ und V-Spin. Diese bilden drei verschiedene Unteralgebren der SU(3)-Algebra. Mit Hilfe der neu definierten Operatoren lassen sich eine Vielzahl an Vertauschungsrelationen finden. Insbesondere ist

$$[\hat{T}_3, \hat{Y}] = 0,$$

wodurch folgt, dass wir simultane Eigenzustände $| T_3, Y \rangle$ von $\hat{T}_3$ und $\hat{Y}$ konstruieren können mit

$$\hat{T}_3 \mid T_3, Y\rangle = T_3 \mid T_3, Y\rangle \quad \text{und} \quad \hat{Y} \mid T_3, Y\rangle = Y \mid T_3, Y\rangle.$$

Es lässt sich zeigen, dass die oben definierten Operatoren $\hat{T}_\pm$, $\hat{U}_\pm$ und $\hat{V}_\pm$ Leiteroperatoren zu dem Zustand $\mid T_3, Y\rangle$ sind [GM94]. So ist zum Beispiel

$$\hat{T}_3 \left(\hat{U}_\pm \mid T_3, Y\rangle \right) = \left(T_3 \mp \frac{1}{2} \right) \hat{U}_\pm \mid T_3, Y\rangle \quad \text{und} \quad \hat{Y} \left(\hat{U}_\pm \mid T_3, Y\rangle \right) = (Y \pm 1)\, \hat{U}_\pm \mid T_3, Y\rangle.$$

Da die algebraische Darstellung etwas unübersichtlich ist, wollen wir die Wirkung der verschiedenen Operatoren in einem Diagramm veranschaulichen. In Abbildung 7.1 sind die Zustände $\mid T_3, Y\rangle$ durch Punkte in der (T_3, Y)-Ebene dargestellt. Die Wirkung der Leiteroperatoren $\hat{T}_\pm$, $\hat{U}_\pm$ und $\hat{V}_\pm$ auf einen beliebigen Zustand ist durch Vektoren veranschaulicht. Hierbei zeigt der Vektorpfeil jeweils vom Startzustand zum Endzustand. So verringert beispielsweise der Operator $\hat{V}_-$ den Eigenwert Y um eine Einheit und den Eigenwert T_3 um eine halbe Einheit. Die SU(2)-Unteralgebren befinden sich entlang der $U-$, $V-$ bzw. T-Linien.

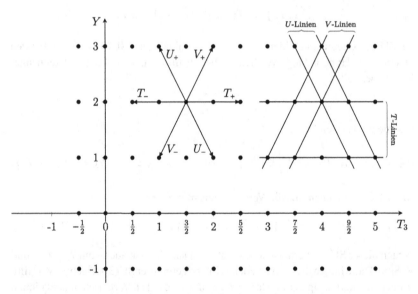

Abbildung 7.1 Wirkung der Leiteroperatoren $\hat{T}_\pm$, $\hat{U}_\pm$ und $\hat{V}_\pm$ in einem (T_3, Y)-Diagramm. Die Einheiten von Y entsprechen $\frac{\sqrt{3}}{2}$ mal den Einheiten der T_3-Achse [GM94]

7.3.2 SU(3)-Multipletts

Mit Hilfe der im vorherigen Abschnitt definierten Operatoren lassen sich die Multipletts der irreduziblen Darstellungen konstruieren. In Abschnitt 6.3.2 haben wir gesehen, dass die Multipletts der irreduziblen Darstellungen der Gruppe SU(2) aus einer eindimensionalen Anordnung von Zuständen bestehen, die mit Hilfe der Auf- und Absteigeoperatoren durchlaufen werden können. Entsprechend bestehen die Multipletts der irreduziblen Darstellungen der Gruppe SU(3) aus einer zweidimensionalen Anordnung von Zuständen, welche mit Hilfe der im vorherigen Abschnitt definierten Leiteroperatoren $\hat{T}_\pm$, $\hat{U}_\pm$ und $\hat{V}_\pm$ durchlaufen werden können. Ist der Rand des Gewichtsdiagramms eines SU(3)-Multipletts gefunden, so können alle weiteren Zustände durch Anwendung der Leiteroperatoren bestimmt werden. Es stellt sich heraus, dass der Rand eines Multipletts der Gruppe SU(3) bereits durch zwei Zahlen $p, q \in \mathbb{N}_0$ vollständig bestimmt ist [GM94]. Hierbei bezeichnet anschaulich p die Anzahl der Schritte am oberen Rand und q die Anzahl der Schritte am unteren Rand des Gewichtsdiagramms. In Abbildung 7.2 sind die einfachsten Multipletts der Gruppe SU(3) dargestellt. Für eine übersichtlichere Darstellung wurde auf eine Achsenbeschriftung verzichtet.

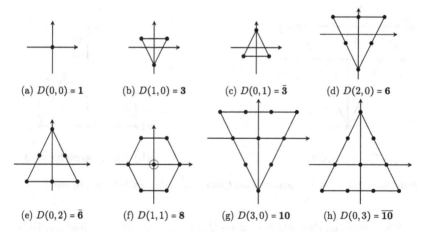

(a) $D(0,0) = 1$ (b) $D(1,0) = 3$ (c) $D(0,1) = \bar{3}$ (d) $D(2,0) = 6$

(e) $D(0,2) = \bar{6}$ (f) $D(1,1) = 8$ (g) $D(3,0) = 10$ (h) $D(0,3) = \overline{10}$

Abbildung 7.2 Gewichtsdiagramme der kleinsten irreduziblen Darstellungen der Gruppe SU(3) in einem (T_3, Y)-Diagramm. Durch den Kreis und den Ring in Abbildungsteil (f) wird angedeutet, dass im Oktett $D(1, 1)$ zwei Zustände mit $(T_3, Y) = (0, 0)$ existieren [GM94]

Vertauschen wir die Zahlen p und q eines Multipletts $D(p, q)$, so erhalten wir stets das konjugierte Multiplett. Dieses wird mit einem Strich über der entsprechenden Zahl gekennzeichnet. So bezeichnet zum Beispiel **3** das Triplett und $\bar{3}$ das konjugierte Triplett. Diese Erkenntnisse über die irreduziblen Darstellungen der Gruppe SU(3) wollen wir nun auf das Quarkmodell übertragen.

7.4   Graphische Konstruktion der Produktzustände

In Abschnitt 7.1 haben wir gesehen, dass ein Quarkzustand bezüglich der Fundamentaldarstellung und ein Antiquarkzustand bezüglich der komplex konjugierten Darstellung transformiert. Wir wollen für diese beiden Darstellungen die entsprechenden Gewichtsdiagramme zeichnen. Der in Abschnitt 7.3.1 definierte Operator $\hat{T}_3$ entspricht genau dem Isospinoperator $\hat{I}_3$ (siehe Bemerkung 7.2.4). Die Gewichte einer Darstellung Ψ der Gruppe SU(3) sind somit durch die Eigenwertpaare (I_3, Y) gegeben. Anstelle eines (T_3, Y)-Diagramms betrachten wir das identische (I_3, Y)-Diagramm. Abbildung 7.3 zeigt das Gewichtsdiagramm des Quarktripletts und des Antiquarktripletts.

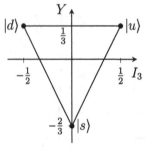

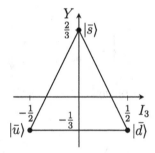

(a) Quarktriplett **3**   (b) Antiquarktriplett $\bar{3}$

Abbildung 7.3 Gewichtsdiagramme des Quarktripletts und des Antiquarktripletts

Wir wollen nun Produktzustände aus Quarks und Antiquarks betrachten. Diese lassen sich aus der Fundamentaldarstellung **3** und der komplex konjugierten Darstellung $\bar{3}$ bilden. Die entscheidende Eigenschaft, welche der Konstruktion zugrunde liegt, ist die Additivität der Quantenzahlen I_3 und Y. Die zusammengesetzten Zustände entstehen somit, indem man den Mittelpunkt des zweiten Multipletts über jeden einzelnen Punkt des ersten Multipletts legt. Die Zustände werden also vektoriell addiert. Wir wollen dieses Verfahren nun konkret für Mesonen und Baryonen durchführen.

7.4.1 Mesonen

Für ein Meson müssen wir einen Quarkzustand $|q\rangle$ mit einem Antiquarkzustand $|\bar{q}\rangle$ koppeln. Wir starten mit dem Quarktriplett **3** und legen auf jeden der drei Zustände das Antiquarktriplett $\bar{\mathbf{3}}$. Diese graphische Konstruktion ist in Abbildung 7.4 veranschaulicht. Für eine bessere Übersicht wurde erneut auf eine Beschriftung der Achsen verzichtet. Das Ergebnis können wir jetzt mit Hilfe der SU(3)-Multipletts aus Abbildung 7.2 in eine direkte Summe irreduzibler Darstellungen zerlegen. Hierbei entsteht die direkte Summe zweier Multipletts, indem diese übereinander gelegt werden und die Multiplizitäten übereinanderliegender Zustände addiert werden. Es folgt, dass sich die entstandene Figur aus Abbildung 7.4 in die direkte Summe eines Oktetts und eines Singuletts zerlegen lässt. Mit Hilfe der Gewichtsdiagramme haben wir also letztendlich die Zerlegung

$$\mathbf{3} \otimes \bar{\mathbf{3}} = \mathbf{8} \oplus \mathbf{1}$$

gefunden.

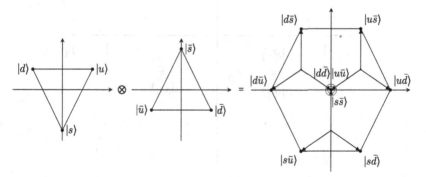

Abbildung 7.4 Kopplung des Quarktripletts **3** mit dem Antiquarktriplett $\bar{\mathbf{3}}$. Die zwei Ringe deuten an, dass es insgesamt drei Zustände mit $(I_3, Y) = (0, 0)$ gibt

Nach dieser Konstruktion kommen Mesonen also in Oktetts und Singuletts vor.
Diese Erkenntnis passt zu den in den sechziger Jahren bekannten Mesonen (siehe
Abbildungen A.1 und A.3 im Anhang im elektronischen Zusatzmaterial).

7.4.2 Baryonen

Für ein Baryon müssen wir drei Quarkzustände $|q\rangle$ miteinander koppeln. Wir suchen
also eine Zerlegung des Produkts $3 \otimes 3 \otimes 3$ in eine direkte Summe irreduzibler Darstellungen. Wir beginnen, indem wir zunächst zwei Quarks miteinander koppeln.
Mit dem zuvor beschriebenen Verfahren erhalten wir die in Abbildung 7.5 darge-
stellte Figur. Hierbei wurde diesmal auf die Verbindungslinien zwischen den einzelnen Zuständen verzichtet. Mit den SU(3)-Multipletts aus Abbildung 7.2 folgt, dass
sich die Figur in eine direkte Summe des Sextetts 6 und des konjugierten Tripletts $\bar{3}$
zerlegen lässt. Das konjugierte Triplett entspricht hierbei genau den Zuständen mit
einem zusätzlichen Ring. Wir haben also die Zerlegung

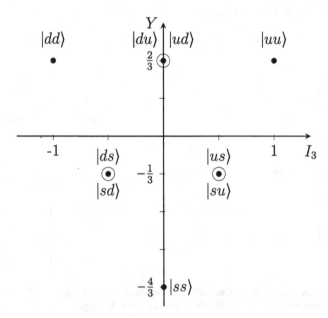

Abbildung 7.5 Kopplung des Quarktripletts 3 mit einem weiteren Quarktriplett 3. Multiplizitäten in einzelnen Zuständen sind durch zusätzliche Ringe gekennzeichnet

$$3 \otimes 3 = 6 \oplus \bar{3}$$

gefunden.

Koppeln wir nun das dritte Quark, so wissen wir mit Abschnitt 7.4.1 bereits, dass

$$3 \otimes 3 \otimes 3 = \left(6 \oplus \bar{3}\right) \otimes 3$$
$$= (6 \otimes 3) \oplus \left(\bar{3} \otimes 3\right)$$
$$= (6 \otimes 3) \oplus 8 \oplus 1$$

gilt. Wir müssen also nur noch das Produkt $6 \otimes 3$ in eine Summe irreduzibler Darstellungen zerlegen. In Abbildung 7.6 wurde das Sextett 6 mit dem Triplett 3 mit Hilfe des graphischen Verfahrens gekoppelt. Für eine bessere Übersicht wurde auf die Beschriftung der einzelnen Zustände verzichtet. Wir entnehmen der Abbildung die Zerlegung in ein Dekuplett und ein Oktett. Hierbei entspricht das Oktett genau

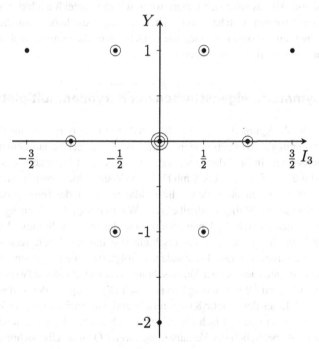

Abbildung 7.6 Kopplung des Sextetts 6 mit dem Triplett 3. Multiplizitäten in einzelnen Zuständen sind durch zusätzliche Ringe gekennzeichnet

den Zuständen mit zusätzlichen Ringen. Wir erhalten also die Zerlegung $\mathbf{6} \otimes \mathbf{3} =$ $\mathbf{10} \oplus \mathbf{8}$. Setzen wir dies in die vorherige Gleichung ein, so erhalten wir schließlich die SU(3)-Zerlegung

$$\mathbf{3} \otimes \mathbf{3} \otimes \mathbf{3} = \mathbf{10} \oplus \mathbf{8} \oplus \mathbf{8} \oplus \mathbf{1}.$$

Baryonen kommen nach dieser Konstruktion in Dekupletts, Oktetts und Singuletts vor. Wie bereits zuvor erwähnt, war das Baryonendekuplett aus Abbildung 5.1 zu Beginn der sechziger Jahre noch nicht vollständig bekannt. Das Baryon Ω^- war zu diesem Zeitpunkt noch nicht entdeckt und wurde aufgrund der sehr gut passenden SU(3)-Theorie vorhergesagt.

Die Multiplettstruktur der Mesonen und Baryonen ergibt sich also automatisch unter der Annahme, dass Mesonen Quark-Antiquarkzustände $|q\bar{q}\rangle$ und Baryonen Zustände aus drei Quarks $|qqq\rangle$ sind, welche unter der Gruppe SU(3) transformieren. Wir wissen bis jetzt aber noch nicht, wieso es zwei verschiedene Mesonenoktette gibt. Auch ist noch nicht geklärt, wieso es kein Baryonen-Singulett gibt und nur ein Baryonen-Oktett existiert, obwohl die Darstellung $\mathbf{8}$ in der obigen Zerlegung zweimal vorkommt. All das wird sich klären, wenn wir in Kapitel 8 auch den Spin der Quarks miteinbeziehen, welchen wir bis jetzt vernachlässigt haben. Um die zweite Frage beantworten zu können, müssen wir zunächst noch die Symmetrieeigenschaften der Baryonenmultipletts betrachten.

7.5   Symmetrieeigenschaften der Baryonenmultipletts

Wir wollen die Zerlegung $\mathbf{3} \otimes \mathbf{3} \otimes \mathbf{3} = \mathbf{10} \oplus \mathbf{8} \oplus \mathbf{8} \oplus \mathbf{1}$ für Baryonen aus dem vorherigen Abschnitt auf Symmetrieeigenschaften bezüglich der Vertauschung zweier Quarks untersuchen. In Teil I der Arbeit haben wir in Kapitel 4 gesehen, dass wir den Tensorproduktraum $Z = X \otimes X \otimes X$ mit Hilfe von Young-Operatoren in eine direkte Summe zerlegen können, auf welchen die Teildarstellungen der Tensorproduktdarstellungen der Gruppe SU(n) irreduzibel sind. Wie in Beispiel 4.5.7 nachgerechnet wurde, unterscheiden sich die Untervektorräume der direkten Summe durch ihre Symmetrieeigenschaften bei der Vertauschung von Indizes. Übertragen wir dies nun auf die Kopplung von Quarkzuständen, so folgt, dass die Baryonenmultipletts verschiedene Symmetrien bei der Vertauschung von zwei Quarks aufweisen. Konkret ist das Dekuplett $\mathbf{10}$ vollständig symmetrisch (S) bezüglich der Vertauschung zweier Quarks. Eines der Oktette $\mathbf{8}$ ist gemischt antisymmetrisch (M, A), während das andere gemischt symmetrisch (M, S) ist. Das Singulett $\mathbf{1}$ ist vollständig antisymmetrisch (A) bezüglich der Vertauschung zweier Quarks. Übersichtlich haben wir also

$$3 \otimes 3 \otimes 3 = \underbrace{10}_{S} \oplus \underbrace{8}_{M,A} \oplus \underbrace{8}_{M,S} \oplus \underbrace{1}_{A} .$$

Hierbei können die Isospinmultipletts zur Hyperladung $Y = 1$ auf die gleiche Weise konstruiert werden, wie die Spinmultipletts in Abschnitt 6.5. Im komplexen Hilbert-Raum werden hierzu einfach die Zustände $|\uparrow\rangle$ durch $|u\rangle$ und $|\downarrow\rangle$ durch $|d\rangle$ ersetzt. Die entsprechenden Flavourzustände für das Dekuplett und die beiden Oktette sind in Tabelle 7.1 dargestellt. Eine vollständige Auflistung der Zustände der entsprechenden Multipletts befindet sich im Anhang A.3 im elektronischen Zusatzmaterial.

Die entscheidende Eigenschaft, in welcher sich die irreduziblen Darstellungen der Gruppe SU(n) auf dem dreifachen Tensorprodukt unterscheiden, ist also ihre Symmetrie bei der Vertauschung zweier Quarks. Dies haben wir auch schon in Abschnitt (6.5) gesehen, als wir die Spinzustände von Baryonen konstruiert haben.

Tabelle 7.1 Flavourzustände der Isospinmultipletts zur Hyperladung $Y = 1$ des symmetrischen Dekupletts und des gemischt antisymmetrischen, bzw. symmetrischen Oktetts

Multiplett	Symmetrie	Y	I	I_3	Flavourzustand
Dekuplett	S	1	$\frac{3}{2}$	$\frac{3}{2}$	uuu
Dekuplett	S	1	$\frac{3}{2}$	$\frac{1}{2}$	$\frac{1}{\sqrt{3}}(udu + duu + uud)$
Dekuplett	S	1	$\frac{3}{2}$	$-\frac{1}{2}$	$\frac{1}{\sqrt{3}}(udd + dud + ddu)$
Dekuplett	S	1	$\frac{3}{2}$	$-\frac{3}{2}$	ddd
Oktett	M, A	1	$\frac{1}{2}$	$\frac{1}{2}$	$\frac{1}{\sqrt{2}}(udu - duu)$
Oktett	M, A	1	$\frac{1}{2}$	$-\frac{1}{2}$	$-\frac{1}{\sqrt{2}}(dud - udd)$
Oktett	M, S	1	$\frac{1}{2}$	$\frac{1}{2}$	$\frac{1}{\sqrt{6}}(2uud - udu - duu)$
Oktett	M, S	1	$\frac{1}{2}$	$-\frac{1}{2}$	$-\frac{1}{\sqrt{6}}(2ddu - udd - dud)$

Wie bereits zuvor erwähnt, haben wir den Spin der Quarks bis jetzt vernachlässigt. Dies werden wir in Kapitel 8 ändern. Zunächst betrachten wir aber noch eine weitere Eigenschaft der Quarks, für welche die Gruppe SU(3) die passende Symmetriegruppe darstellt.

7.6 Farbe

Wie bereits in Abschnitt 5.2.2 erwähnt, tragen Quarks neben Flavour und Spin auch eine Farbe. Im Gegensatz zur SU(3)-Flavour-Symmetrie (siehe Abschnitt 7.1) ist die SU(3)-Farb-Symmetrie exakt [Tho13]. Folglich ist die starke Wechselwirkung invariant bei gleichzeitiger Transformation der Quarks und der Gluonen. Die mathematische Beschreibung ist analog zu der der Flavour-SU(3). Wir betrachten einen komplexen Hilbert-Raum $X = \mathbb{C}^3$, welcher durch die orthonormalen Basisvektoren

$$\chi_1 = |r\rangle = \begin{pmatrix} 1 \\ 0 \\ 0 \end{pmatrix}, \quad \chi_2 = |g\rangle = \begin{pmatrix} 0 \\ 1 \\ 0 \end{pmatrix} \quad \text{und} \quad \chi_3 = |b\rangle = \begin{pmatrix} 0 \\ 0 \\ 1 \end{pmatrix}$$

aufgespannt wird. Für die Beschreibung der Antifarbe von Antiquarks wird entsprechend der duale Raum X^* mit der dualen Orthonormalbasis $\{\chi_1^*, \chi_2^*, \chi_3^*\}$ verwendet. Die Farb- bzw. Antifarbzustände transformieren dann entsprechend der Fundamental- bzw. komplex konjugierten Darstellung. Genau wie in Abschnitt 7.4 können wir auch für diese Darstellungen Gewichtsdiagramme betrachten (siehe Abbildung 7.7).

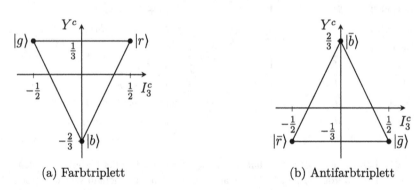

(a) Farbtriplett (b) Antifarbtriplett

Abbildung 7.7 Gewichtsdiagramme des Farbtripletts und des Antifarbtripletts

Als additive Quantenzahlen dienen analog zur Flavour-SU(3) die sogenannte dritte Komponente des Farb-Isospin I_3^c und die Farb-Hyperladung Y^c [Tho13]. Die Hypothese des Confinement besagt, dass Teilchen mit Farbladung nicht als freie Teilchen vorkommen. Da wir Mesonen und Baryonen als freie Teilchen beobachten können, hat dies zur Folge, dass ihr Farbzustand einem SU(3)-Farb-Singulett

entsprechen muss. Ein solches Singulett wird dann auch als „farblos" bezeichnet [Gre11]. Um dies etwas besser zu verstehen, betrachten wir einen Vergleich
zum Spin. In Kapitel 6 haben wir gesehen, dass zwei Teilchen mit Spin $\frac{1}{2}$ gemäß
$\frac{1}{2} \otimes \frac{1}{2} = 1 \oplus 0$, bzw in Dimensionen ausgedrückt $2 \otimes 2 = 3 \otimes 1$ zu einem symmetrischen Spintriplett und einem antisymmetrischen Spinsingulett koppeln. Der
Spinzustand $|S = 0, S_z = 0\rangle = \frac{1}{\sqrt{2}}(\uparrow\downarrow - \downarrow\uparrow)$ des Singuletts besitzt hierbei kei-
nen Spin und kann somit als „spinlos" bezeichnet werden. Auf die gleiche Weise ist
das Farbsingulett „farblos". Koppeln wir ein Quark mit einem Antiquark, so erhalten
wir analog zu der Flavour-SU(3) ein Farboktett und ein Farbsingulett. Aufgrund des
Confinements muss der Farbzustand eines Mesons dem Zustand des Farbsinguletts
entsprechen, welcher durch

$$|M\rangle_c = \frac{1}{\sqrt{3}}(r\bar{r} + g\bar{g} + b\bar{b})$$

gegeben ist. Für ein Baryon folgt nach demselben Verfahren der Farbzustand

$$|B\rangle_c = \frac{1}{\sqrt{6}}(rgb + gbr + brg - rbg - bgr - grg),$$

welcher vollständig antisymmetrisch unter der Vertauschung zweier Quarks ist.
Mit Hilfe des Confinements lässt sich auch begründen, wieso wir zum Beispiel
keine Hadronen kennen, welche sich aus zwei Quarks qq zusammensetzen. In
Abschnitt 7.4.2 haben wir gesehen, dass für das Tensorprodukt zweier SU(3)-
Tripletts die Zerlegung

$$3 \otimes 3 = 6 \oplus \bar{3}$$

gilt. In dieser Zerlegung kommt also gar kein Singulett vor, sodass ein hypothetisches
Hadron, welches sich aus zwei Quarks zusammensetzt, nicht farblos sein könnte.

SU(6)

8

In diesem Kapitel wollen wir die zuvor diskutierte SU(2)-Spin-Symmetrie und die SU(3)-Flavour-Symmetrie in einer gemeinsamen SU(6)-Symmetrie vereinen. Mit dieser werden wir schließlich die experimentell gefundenen Mesonen- und Baryonenmultipletts identifizieren. Wie bereits zuvor sind bei der Betrachtung der Baryonen die Symmetrieeigenschaften der SU(6) Multipletts entscheidend.

8.1 Flavour-Spin-Zustände

Wir wollen nun neben dem Flavour der Quarks auch ihren Spin berücksichtigen. Für die mathematische Beschreibung betrachten wir hierzu einen sechsdimensionalen Hilbert-Raum $X = \mathbb{C}^6$, welcher durch die orthonormalen Basisvektoren

$$|u \uparrow\rangle = \begin{pmatrix} 1 \\ 0 \\ 0 \\ 0 \\ 0 \\ 0 \end{pmatrix}, \quad |u \downarrow\rangle = \begin{pmatrix} 0 \\ 1 \\ 0 \\ 0 \\ 0 \\ 0 \end{pmatrix}, \quad \ldots, \quad |s \downarrow\rangle = \begin{pmatrix} 0 \\ 0 \\ 0 \\ 0 \\ 0 \\ 1 \end{pmatrix}$$

aufgespannt wird. Analog zu Kapitel 7 transformiert ein allgemeiner Zustand in X bezüglich der Fundamentaldarstellung **6** der Gruppe SU(6). Antiquarkzustände werden entsprechend im dualen Raum X^* beschrieben und transformieren bezüglich der komplex konjugierten Darstellung $\bar{\mathbf{6}}$. Wir können wieder Tensorprodukte von SU(6)-Darstellungen betrachten und diese in eine direkte Summe von irreduziblen Darstellungen zerlegen. Hierbei können wir die Darstellungen der Gruppe SU(6) bezüglich ihres Flavours und Spins in ein Produkt SU(3) × SU(2) zerlegen.

© Der/die Autor(en), exklusiv lizenziert durch Springer Fachmedien Wiesbaden GmbH, ein Teil von Springer Nature 2022
J. Schaeffer, *SU(n), Darstellungstheorie und deren Anwendung im Quarkmodell*, BestMasters, https://doi.org/10.1007/978-3-658-36073-3_8

Beispiel 8.1.1

Für die Fundamentaldarstellung **6** gilt

$$6 = \underbrace{3}_{SU(3)-\text{Triplett}} \otimes \underbrace{2}_{\text{Spin } \frac{1}{2}} .$$

Für die komplex konjugierte Darstellung $\bar{6}$ gilt

$$\bar{6} = \underbrace{\bar{3}}_{SU(3)-\text{Antitriplett}} \otimes \underbrace{2}_{\text{Spin } \frac{1}{2}} .$$

Wir wollen dies nun explizit für Mesonen und Baryonen durchführen.

8.2 Mesonen

Für Mesonen müssen wir erneut Quark-Antiquarkzustände betrachten. Also koppeln wir die Fundamentaldarstellung **6** mit der komplex konjugierten Darstellung $\bar{6}$. Da wir nun den Spin berücksichtigen, sollten wir das Mesonenokttet mit Spin 0 (siehe Abbildung A.1), das Mesonensingulett mit Spin 0, das dem Meson η' (957 MeV [T+18]) entspricht und das Vektormesonenoktett (bzw. Nonett) mit Spin 1 (siehe Abbildung A.3) erhalten. Die Dimensionen der Zerlegung des Tensorprodukts $6 \otimes \bar{6}$ in irreduzible Darstellungen lassen sich auf einfache Art mit Hilfe von Young-Diagrammen berechnen. Eine ausführliche Beschreibung zu dem Verfahren befindet sich bei [Clo79] in Abschnitt 3.4. Es ergibt sich

$$6 \otimes \bar{6} = 35 \oplus 1.$$

Zerlegen wir nun die Darstellungen der Gruppe $SU(6)$ bezüglich ihres Flavours und Spins in ein Produkt $SU(3) \otimes SU(2)$, so erhalten wir

$$6 \otimes \bar{6} = \underbrace{\underbrace{8}_{SU(3)-\text{Oktett}} \otimes \underbrace{3}_{\text{Spin 1}} \oplus \underbrace{8}_{SU(3)-\text{Oktett}} \otimes \underbrace{1}_{\text{Spin 0}} \oplus \underbrace{1}_{SU(3)-\text{Singulett}} \otimes \underbrace{3}_{\text{Spin 1}}}_{35}$$

$$\oplus \underbrace{\underbrace{1}_{SU(3)-\text{Singulett}} \otimes \underbrace{1}_{\text{Spin 0}}}_{1} .$$

Hierbei haben wir die Ergebnisse der vorherigen Kapitel verwendet, nämlich dass $3 \otimes \bar{3} = 8 \oplus 1$ bezüglich der Gruppe SU(3) und $2 \otimes 2 = 3 \oplus 1$ bezüglich der Gruppe SU(2). Wir erhalten also für die Mesonen ein Singulett und ein Oktett mit Spin 1 und ein Singulett und ein Oktett mit Spin 0. Diese entsprechen genau den pseudoskalaren Mesonen und Vektormesonen.

8.3 Baryonen

Für Baryonen müssen wir erneut Zustände aus drei Quarks betrachten. Wir koppeln also dreimal die Fundamentaldarstellung **6**. Diese zerlegen wir zunächst in irreduzible Darstellungen der Gruppe SU(6). Wir wissen bereits, dass sich das dreifache Tensorprodukt in eine direkte Summe aus vier Unterräumen zerlegt, welche sich alle durch die Symmetrie bezüglich der Vertauschung zweier Quarks unterscheiden. Die Dimensionen können entweder über die explizite Konstruktion der Unterräume mittels Young-Operatoren bestimmt werden oder über das im vorherigen Abschnitt erwähnte Verfahren mittels Young-Diagrammen. Es ergibt sich die Zerlegung

$$6 \otimes 6 \otimes 6 = \underbrace{56}_{S} \oplus \underbrace{70}_{M,S} \oplus \underbrace{70}_{M,A} \oplus \underbrace{20}_{A}.$$

Wir haben in Abschnitt 5.2.2 gesehen, dass das Pauli-Prinzip fordert, dass das Produkt aus Flavour- und Spinzustand für Baryonen im Grundzustand vollständig symmetrisch unter der Vertauschung zweier Quarks ist. Somit ist in der obigen Zerlegung für Grundzustände nur die vollständig symmetrische Darstellung **56** relevant. Zerlegen wir diese SU(6)-Darstellung bezüglich Flavour und Spin in ein Produkt SU(3) $\otimes$ SU(2), so erhalten wir

$$56 = \underbrace{10}_{SU(3)-\text{Dekuplett}} \otimes \underbrace{4}_{\text{Spin } \frac{3}{2}} \oplus \underbrace{8}_{SU(3)-\text{Oktett}} \otimes \underbrace{2}_{\text{Spin } \frac{1}{2}}.$$

Für die Baryonen im Grundzustand ergibt sich also ein Dekuplett mit Spin $\frac{3}{2}$ und ein Oktett mit Spin $\frac{1}{2}$. Diese entsprechen genau dem Baryonendekuplett aus Abbildung 5.1 und dem Baryonenoktett aus Abbildung A.2. In den Abschnitten 7.5 und 6.5 haben wir gesehen, dass das SU(3)-Dekuplett und das Spin-$\frac{3}{2}$-Quadruplett vollständig symmetrisch sind. Folglich ist auch das Tensorprodukt aus beiden vollständig symmetrisch. Die konstruierten SU(3)-Oktette und Spin-$\frac{1}{2}$-Dublette sind hingegen gemischt symmetrisch, bzw. gemischt antisymmetrisch. Die Zustände des SU(3)-Oktetts mit Spin $\frac{1}{2}$ entstehen durch eine geeignete Linearkombination

$$\frac{1}{\sqrt{2}}\Big(\ \underbrace{|\phi_{M,S}\rangle}_{\text{SU(3)–Oktett}}\ \otimes\ \underbrace{|\chi_{M,S}\rangle}_{\text{SU(2)–Dublett}}\ +\ \underbrace{|\phi_{M,A}\rangle}_{\text{SU(3)–Oktett}}\ \otimes\ \underbrace{|\chi_{M,A}\rangle}_{\text{SU(2)–Dublett}}\ \Big).$$

Die so konstruierten Flavour-Spin-Zustände des Baryonenoktetts sind dann vollständig symmetrisch.

Beispiel 8.3.1
Wir wollen den Flavour-Spinzustand eines Protons mit Spin $S_z = \frac{1}{2}$ konstruieren. Das Proton setzt sich aus zwei Up-Quarks und einem Down-Quark zusammen. Die gemischt symmetrischen und gemischt antisymmetrischen Flavour- und Spinzustände können wir aus den Tabellen 7.1 und 6.2 ablesen. Somit ergibt sich

$$
\begin{aligned}
p\left(S_z = \frac{1}{2}\right) &= \frac{1}{\sqrt{2}}\Big(\frac{1}{\sqrt{6}}(2uud - udu - duu)\otimes\frac{1}{\sqrt{6}}(2\uparrow\uparrow\downarrow - \downarrow\uparrow\uparrow - \uparrow\downarrow\uparrow)\\
&\quad + \frac{1}{\sqrt{2}}(udu - duu)\otimes-\frac{1}{\sqrt{2}}(\uparrow\downarrow\uparrow - \downarrow\uparrow\uparrow)\Big)\\
&= \frac{1}{\sqrt{2}}\Big(\frac{1}{6}(4u\uparrow u\uparrow d\downarrow -2u\downarrow u\uparrow d\uparrow -2u\uparrow u\downarrow d\uparrow -2u\uparrow d\uparrow u\downarrow\\
&\quad + u\downarrow d\uparrow u\uparrow +u\uparrow d\downarrow u\uparrow -2d\uparrow u\uparrow u\downarrow +d\downarrow u\uparrow u\uparrow +d\uparrow u\downarrow u\uparrow)\\
&\quad - \frac{1}{2}(u\uparrow d\downarrow u\uparrow -u\downarrow d\uparrow u\uparrow -d\uparrow u\downarrow u\uparrow +d\downarrow u\uparrow u\uparrow)\Big)\\
&= \frac{1}{\sqrt{18}}\big(2(u\uparrow u\uparrow d\downarrow +u\uparrow d\downarrow u\uparrow +d\downarrow u\uparrow u\uparrow)\\
&\quad - (u\downarrow u\uparrow d\uparrow +u\uparrow u\downarrow d\uparrow +u\uparrow d\uparrow u\downarrow +d\uparrow u\uparrow u\downarrow\\
&\quad + u\downarrow d\uparrow u\uparrow +d\uparrow u\downarrow u\uparrow)\big).
\end{aligned}
$$

Es lässt sich leicht überprüfen, dass dieser Zustand vollständig symmetrisch unter der Vertauschung zweier Quarks ist.

Die Darstellungen **70** und **10** der vorherigen Zerlegung werden für angeregte Zustände benötigt (siehe Abschnitt 9.2.1). Auch diese lassen sich bezüglich Flavour und Spin in ein Produkt SU(3) $\otimes$ SU(2) zerlegen. Für die gemischt symmetrische und gemischt antisymmetrische Darstellung **70** gilt

$$70 = \underbrace{10}_{\text{SU(3)−Dekuplett}} \otimes \underbrace{2}_{\text{Spin } \frac{1}{2}} \oplus \underbrace{8}_{\text{SU(3)−Oktett}} \otimes \underbrace{4}_{\text{Spin } \frac{3}{2}} \oplus \underbrace{8}_{\text{SU(3)−Oktett}} \otimes \underbrace{2}_{\text{Spin } \frac{1}{2}}$$

$$\oplus \underbrace{1}_{\text{SU(3)−Singulett}} \otimes \underbrace{2}_{\text{Spin } \frac{1}{2}}$$

und für die vollständig antisymmetrische Darstellung **20** ist die Zerlegung durch

$$20 = \underbrace{8}_{\text{SU(3)−Oktett}} \otimes \underbrace{2}_{\text{Spin } \frac{1}{2}} \oplus \underbrace{1}_{\text{SU(3)−Singulett}} \otimes \underbrace{4}_{\text{Spin } \frac{3}{2}}$$

gegeben [Clo79].

Quarkmodell

9

Wir wollen nun die diskutierte SU(6)-Symmetrie im Quarkmodell anwenden. Mit dem zuvor bestimmten Flavour-Spin-Zustand des Protons werden wir die theoretische Ladung und das magnetische Moment des Protons bestimmen und mit experimentellen Werten vergleichen. Im Anschluss diskutieren wir mit dem nichtrelativistischen Quarkmodell einen einfachen Ansatz, mit welchem auch angeregte Baryonen beschrieben werden können. Diesen werden wir dann etwas verbessern, um die Massenunterschiede zwischen den Baryonen des Dekupletts und des Oktetts erklären zu können. Zuletzt verweisen wir als Ausblick auf relativistische Effekte und entsprechende Modelle, welche diese berücksichtigen.

9.1 Berechnung von Observablen

Mit Hilfe der Flavour-Spin-Zustände können wir verschiedene Observablen der Hadronen berechnen. Wir wollen dies beispielhaft für die Ladung und die magnetischen Momente durchführen. Im Folgenden verwenden wir hierbei für einen linearen Operator L, welcher aus der Summe identischer Einteilchenoperatoren A besteht, die kürzere Schreibweise der Physik:

$$L = \underbrace{A \otimes 1 \otimes 1 + 1 \otimes A \otimes 1 + 1 \otimes 1 \otimes A}_{\text{Schreibweise der Mathematik}} = \underbrace{A(1) + A(2) + A(3)}_{\text{Schreibweise der Physik}}.$$

© Der/die Autor(en), exklusiv lizenziert durch Springer Fachmedien Wiesbaden GmbH, ein Teil von Springer Nature 2022
J. Schaeffer, *SU(n), Darstellungstheorie und deren Anwendung im Quarkmodell*, BestMasters, https://doi.org/10.1007/978-3-658-36073-3_9

9.1.1 Ladung

In Abschnitt 5.1.2 haben wir bereits die Gell-Mann-Nishijima-Relation kennengelernt. Entsprechend definieren wir den Ladungsoperator für ein Baryon als

$$Q = \sum_{i=1}^{3} Q(i) = \sum_{i=1}^{3} \frac{1}{2} Y(i) + I_3(i).$$

Wir wollen nun beispielhaft die Ladung eines Protons bestimmen. Für die Ladung
Q_p des Protons gilt

$$Q_p = \langle p \uparrow \mid Q \mid p \uparrow \rangle.$$

Da der Flavour-Spin-Zustand des Protons vollständig symmetrisch unter der Vertauschung zweier Quarks ist, gilt weiter

$$\langle p \uparrow \mid Q(1) \mid p \uparrow \rangle = \langle p \uparrow \mid Q(2) \mid p \uparrow \rangle = \langle p \uparrow \mid Q(3) \mid p \uparrow \rangle$$

und folglich

$$Q_p = 3\langle p \uparrow \mid Q(3) \mid p \uparrow \rangle.$$

Um die Ladung nun zu berechnen, verwenden wir den in Abschnitt 8.3 bestimmten
Flavour-Spin-Zustand eines Protons mit Spinprojektion $S_z = \frac{1}{2}$. Es folgt

$$
\begin{aligned}
Q_p &= 3\langle p \uparrow \mid Q(3) \mid p \uparrow \rangle \\
&= \frac{3}{2}\langle p \uparrow \mid Y(3) \mid p \uparrow \rangle + 3\langle p \uparrow \mid I_3(3) \mid p \uparrow \rangle \\
&= \frac{3}{2} \cdot \frac{1}{18}\left(4\left(\frac{1}{3}+\frac{1}{3}+\frac{1}{3}\right) + \left(\frac{1}{3}+\frac{1}{3}+\frac{1}{3}+\frac{1}{3}+\frac{1}{3}+\frac{1}{3}\right)\right) \\
&\quad + 3 \cdot \frac{1}{18}\left(4\left(-\frac{1}{2}+\frac{1}{2}+\frac{1}{2}\right) + \left(-\frac{1}{2}-\frac{1}{2}+\frac{1}{2}+\frac{1}{2}+\frac{1}{2}+\frac{1}{2}\right)\right) \\
&= \frac{1}{2}+\frac{1}{2} \\
&= 1.
\end{aligned}
$$

Das Ergebnis entspricht somit den experimentellen Beobachtungen. Auf gleiche
Weise ergibt sich für die Ladung Q_n eines Neutrons der Wert $Q_n = 0$.

9.1.2 Magnetisches Moment

Wir wollen auf der Grundlage der SU(6)-Theorie die magnetischen Momente von Baryonen bestimmen. Entsprechende Berechnungen wurden 1964 von Mirza Abdul Badi Bég[1], Benjamin Whisoh Lee[2] und Abraham Pais[3] durchgeführt [BL+64]. Aus der Elektrodynamik ist bekannt, dass das magnetische Moment $\vec{\mu}$ für ein punktförmiges Teilchen mit Ladung q, Masse m und Drehimpulsen $\vec{l}$ durch

$$\vec{\mu} = \frac{q}{2c\,m}\vec{l}$$

gegeben ist [Sch10]. Da Quarks eine Ladung tragen und durch ihren Spin einen Eigendrehimpuls besitzen, haben sie auch ein magnetisches Moment. Es stellt sich jedoch heraus, dass das magnetische Moment eines Spin-$\frac{1}{2}$-Teilchens mit einem weiteren Faktor g versehen werden muss. Für den Operator $\mu_{q,z}$ des magnetischen Moments eines Quarks gilt in natürlichen Einheiten ($\hbar = 1$, $c = 1$)

$$\mu_{q,z} = g \cdot \frac{e}{2m_q} Q \frac{\sigma_z}{2} \quad \text{mit} \quad g = 2,$$

wobei e die Elementarladung ist, Q für den Ladungsoperator eines Quarks steht und σ_z der dritten Pauli-Matrix entspricht, die auf den Spin des Quarks wirkt [Hal84]. Außerdem entspricht m_q der Masse der Quarks im nichtrelativistischen Modell. Diese wird auch *Konstituentenquarkmasse* genannt und entspricht insbesondere nicht den Quarkmassen aus Tabelle 5.1. Die Quarkmassen $m_{u,d}$ liegen bei etwa 340 MeV, während das Strange-Quark mit $m_s \approx 500$ MeV etwas schwerer ist [Clo79]. Wollen wir nun den Operator M_z des magnetischen Moments für Baryonen betrachten, so müssen wir neben dem Spin der Quarks auch deren Bahndrehimpuls beachten. Im statischen Quarkmodell betrachten wir jedoch nur Grundzustände, sodass der Bahndrehimpulsanteil keinen Beitrag liefert.

Wir wollen nun das magnetische Moment μ_p eines Protons berechnen. Wäre das Proton ein Elementarteilchen, so würden wir mit obiger Formel ein magnetisches Moment von

$$\mu_N = \frac{e}{2m_p}$$

---

[1] Pakistanischer Physiker [1934–1990]

[2] Südkoreanisch-US-amerikanischer Physiker [1935–1977]

[3] niederländischer Physiker [1918–2000]

erwarten. Dieser Wert wird auch als *Kernmagneton* bezeichnet [PR+13]. Für die Berechnung im Quarkmodell nehmen wir an, dass die Quarks eine gemeinsame Masse $m = m_u = m_d$ haben. Dann gilt

$$\mu_p = \langle p \uparrow | M_z | p \uparrow \rangle$$

$$= \left\langle p \uparrow \left| \sum_{i=1}^{3} \frac{e}{2m} Q(i)\sigma_z(i) \right| p \uparrow \right\rangle$$

$$= \frac{3e}{2m} \left\langle p \uparrow \left| Q(3)\sigma_z(3) \right| p \uparrow \right\rangle,$$

wobei wir uns in der letzten Zeile, genau wie bei der Berechnung der Ladung im vorherigen Abschnitt, wieder zu Nutzen gemacht haben, dass der Flavour-Spin-Zustand des Protons vollständig symmetrisch unter der Vertauschung zweier Quarks ist. Mit dem Protonenzustand mit Spinprojektion $S_z = \frac{1}{2}$ aus Abschnitt 8.3 folgt

$$\mu_p = \frac{3e}{2m} \frac{1}{18} \left(4 \left(-\frac{1}{3}(-1) + \frac{2}{3}(+1) + \frac{2}{3}(+1) \right) \right.$$

$$\left. + \left(-\frac{1}{3}(+1) - \frac{1}{3}(+1) + \frac{2}{3}(-1) + \frac{2}{3}(-1) + \frac{2}{3}(1) + \frac{2}{3}(1) \right) \right)$$

$$= \frac{3e}{2m} \frac{1}{18} \left(\frac{20}{3} - \frac{2}{3} \right)$$

$$= \frac{e}{2m}.$$

Setzen wir nun $m_p = 3m$, so erhalten wir

$$\mu_p = \frac{e}{2m} = \frac{3e}{2m_p} = 3\mu_N.$$

Die experimentelle Messung des magnetischen Moments des Protons ergibt einen Wert von $\mu_p = 2.79\mu_N$ und weicht somit nur gering von dem theoretischen Wert ab [T+18]. Eine analoge Rechnung für das Neutron liefert einen Wert von $\mu_n = -2\mu_N$. Auch hier weist der experimentelle Wert von $\mu_n = -1.9\mu_N$ eine gute Übereinstimmung auf [T+18].

9.2 Nichtrelativistisches Quarkmodell

Im Folgenden wollen wir auch angeregte Zustände von Baryonen beschreiben. Hierzu müssen wir die Wechselwirkung zwischen den einzelnen Quarks hinzuziehen. Wir betrachten zunächst die einfachste Möglichkeit, die Dynamik der Quarks im Baryon zu beschreiben. Später ziehen wir weitere Überlegungen hinzu, um das Modell zu verbessern. Die folgenden Abschnitte stützen sich hierbei auf die Erläuterungen in [Bha88], weshalb dies nachstehend nicht mehr explizit gekennzeichnet wird.

9.2.1 Einfachster Ansatz

Der einfachste Ansatz im nichtrelativistischen Quarkmodell besteht darin, dass zwischen den einzelnen Quarks harmonische Oszillatorpotenziale angenommen werden. Nehmen wir für die Quarks eine gemeinsame Masse $m = m_u = m_d = m_s$ an, so ist der entsprechende Hamilton-Operator durch

$$H = \frac{\vec{p}^2(1) + \vec{p}^2(2) + \vec{p}^2(3)}{2m} + \frac{C}{2}\left(\left(\vec{r}(1)-\vec{r}(2)\right)^2 + \left(\vec{r}(1)-\vec{r}(3)\right)^2 + \left(\vec{r}(2)-\vec{r}(3)\right)^2\right)$$

gegeben. Diesen können wir vereinfachen, indem wir die *Jacobi-Koordinaten*[4]

$$\vec{R} = \frac{\vec{r}(1) + \vec{r}(2) + \vec{r}(3)}{3}, \quad \vec{\rho} = \frac{\vec{r}(1) - \vec{r}(2)}{\sqrt{2}}, \quad \vec{\lambda} = \frac{\vec{r}(1) + \vec{r}(2) - 2\vec{r}(3)}{\sqrt{6}}$$

betrachten. Hierbei ist $\vec{R}$ vollständig symmetrisch, $\vec{\rho}$ gemischt antisymmetrisch und $\vec{\lambda}$ gemischt symmetrisch unter der Vertauschung zweier Quarks. Definieren wir nun $M := 3m$, so ergeben sich die generalisierten Impulse zu

$$\vec{P} = M\dot{\vec{R}}, \quad \vec{p}_\rho = m\dot{\vec{\rho}}, \quad \vec{p}_\lambda = m\dot{\vec{\lambda}}.$$

Es lässt sich leicht nachrechnen, dass sich der obige Hamilton-Operator zu

$$H = \frac{\vec{P}^2}{2M} + \frac{\vec{p}_\rho^2 + \vec{p}_\lambda^2}{2m} + \frac{3}{2}C(\vec{\rho}^2 + \vec{\lambda}^2)$$

---

[4] Benannt nach dem deutschen Mathematiker Carl Gustav Jacob Jacobi [1804–1851]

vereinfacht. Setzen wir nun $\frac{1}{2}m\omega^2 := \frac{3}{2}C$, so erhalten wir schließlich

$$H = \underbrace{\frac{\vec{P}^2}{2M}}_{:=H_S} + \underbrace{\left(\frac{\vec{p}_\rho^2}{2m} + \frac{m}{2}\omega^2\vec{\rho}^2\right)}_{:=H_\rho} + \underbrace{\left(\frac{\vec{p}_\lambda^2}{2m} + \frac{m}{2}\omega^2\vec{\lambda}^2\right)}_{:=H_\lambda}.$$

Der Hamilton-Operator zerfällt in eine Summe aus drei voneinander unabhängigen Operatoren H_S, H_ρ und H_λ. Der erste Summand H_S beschreibt hierbei den Schwerpunkt und spielt für das intrinsische Spektrum der Baryonen keine Rolle, weshalb wir ihn nicht weiter beachten werden. Die Operatoren H_ρ und H_λ beschreiben jeweils einen harmonischen Oszillator. Im Folgenden bezeichnen wir mit

$$\psi_{n_\rho\ell_\rho}(\vec{\rho}) \quad \text{und} \quad \psi_{n_\lambda\ell_\lambda}(\vec{\lambda})$$

die Wellenfunktionen des $\rho-$ und des λ-Oszillators, wobei n_ρ und n_λ für die entsprechenden Radialquantenzahlen und ℓ_ρ und ℓ_λ für die Bahndrehimpulsquantenzahlen stehen. Die Funktionen hängen zusätzlich von der magnetischen Quantenzahl m_ℓ ab, welche wir der Übersicht halber aber nicht als Index angeben.

Für das Energiespektrum des Hamilton-Operators H gilt

$$E_N = \left(N + \frac{3}{2}\right)\omega,$$

wobei die Quantenzahl $N = N_\rho + N_\lambda$ die Summe der Quantenzahlen $N_\rho = 2n_\rho + \ell_\rho$ des ρ-Oszillators und $N_\lambda = 2n_\lambda + \ell_\lambda$ des λ-Oszillators ist. Der Bahndrehimpuls $\vec{L}$ eines Zustands ergibt sich durch die Kopplung von $\vec{\ell}_\rho$ und $\vec{\ell}_\lambda$ gemäß

$$\vec{L} = \vec{\ell}_\rho + \vec{\ell}_\lambda.$$

Wir betrachten zunächst den Grundzustand, also $N = 0, L = 0$. Definieren wir $\alpha := \sqrt{m\omega}$, so ist die zugehörige Ortsraumwellenfunktion $\Psi_{00}(\vec{\rho}, \vec{\lambda})$ durch

$$\Psi_{00}(\vec{\rho}, \vec{\lambda}) = \psi_{00}(\vec{\rho})\psi_{00}(\vec{\lambda})$$

gegeben. Mit einer geeigneten Normierung ergibt sich

$$\Psi_{00}(\vec{\rho}, \vec{\lambda}) = \frac{\alpha^3}{\pi^{\frac{3}{2}}}e^{-\frac{\alpha^2}{2}(\rho^2 + \lambda^2)}.$$

Da

$$
(\rho^2 + \lambda^2) = \frac{(\vec{r}(1) - \vec{r}(2))^2}{2} + \frac{(\vec{r}(1) + \vec{r}(2) - 2\vec{r}(3))^2}{6}
$$

$$
= \frac{(\vec{r}(1) - \vec{r}(2))^2}{2} + \frac{\vec{r}(1)^2 + \vec{r}(2)^2 + 4\vec{r}(3)^2 + 2\vec{r}(1) \cdot \vec{r}(2) - 4\vec{r}(2) \cdot \vec{r}(3) - 4\vec{r}(3) \cdot \vec{r}(1)}{6}
$$

$$
= \frac{(\vec{r}(1) - \vec{r}(2))^2}{2} + \frac{2(\vec{r}(2) - \vec{r}(3))^2 + 2(\vec{r}(3) - \vec{r}(1))^2 - (\vec{r}(1) - \vec{r}(2))^2}{6}
$$

$$
= \frac{(\vec{r}(1) - \vec{r}(2))^2 + (\vec{r}(2) - \vec{r}(3))^2 + (\vec{r}(3) - \vec{r}(1))^2}{3},
$$

ist $\Psi_{00}(\vec{\rho}, \vec{\lambda})$ vollständig symmetrisch unter der Vertauschung zweier Quarks, wie wir es für den Grundzustand der Ortsraumwellenfunktion bereits vorher angenommen hatten. Die Flavour-Spin-Zustände der Baryonen im Grundzustand sind durch das ebenfalls vollständig symmetrische 56plet der Gruppe SU(6) gegeben. Die Wellenfunktion ergibt sich dann zu

$$
\underbrace{|56_S\rangle}_{\text{Flavour-Spin}} \otimes \underbrace{|(\Psi_{00})_S\rangle}_{\text{Ortsraum}} \otimes \underbrace{|F_A\rangle}_{\text{Farbraum}}
$$

und ist vollständig antisymmetrisch unter der Vertauschung zweier Quarks, wie es das Pauli-Prinzip fordert.

Wir betrachten nun die angeregten Zustände zu $N = 1$. Für diese gilt $L = 1$, also entweder $\ell_\rho = 1$ und $\ell_\lambda = 0$ oder umgekehrt. Für die Wellenfunktionen $\psi_{01}(\vec{\rho})$ und $\psi_{01}(\vec{\lambda})$ gilt die Proportionalität

$$
\psi_{01}(\vec{\rho}) \sim \vec{\rho}\, \psi_{00}(\vec{\rho}) \quad \text{und} \quad \psi_{01}(\vec{\lambda}) \sim \vec{\lambda}\, \psi_{00}(\vec{\lambda}).
$$

Weiter ist $\vec{\rho}$ gemischt antisymmetrisch und $\vec{\lambda}$ gemischt symmetrisch unter der Vertauschung zweier Quarks. Entsprechend ist die Wellenfunktionen $\psi_{01}(\vec{\rho})$ vom Typ (M, A) und $\psi_{01}(\vec{\lambda})$ vom Typ (M, S). Es ergeben sich die zwei möglichen Wellenfunktionen des Ortsraums

$$
(\Psi_{11})_{M,A} = \psi_{01}(\vec{\rho})\psi_{00}(\vec{\lambda})
$$

$$
(\Psi_{11})_{M,S} = \psi_{00}(\vec{\rho})\psi_{01}(\vec{\lambda}).
$$

Eine antisymmetrische Wellenfunktion der Baryonen ergibt sich nun analog zu Abschnitt 8.3 durch eine geeignete Linearkombination

$$\frac{1}{\sqrt{2}}\underbrace{\left(\,|70_{M,S}\rangle \otimes (\Psi_{11})_{M,S} + |70_{M,A}\rangle \otimes (\Psi_{11})_{M,A}\,\right)}_{\text{symmetrisch}} \otimes |F_A\rangle.$$

Die Ortsraumwellenfunktionen $\Psi_{NL}(\vec{\rho}, \vec{\lambda})$ für $N = 2$ befinden sich in Tabelle 9.1

Tabelle 9.1 Wellenfunktionen $\Psi_{NL}(\vec{\rho}, \vec{\lambda})$ für $N = 2$ [Bha88]

$$(\Psi_{20})_S \;\;= -\frac{1}{\sqrt{2}}\Big(\psi_{00}(\vec{\rho})\psi_{10}(\vec{\lambda}) + \psi_{10}(\vec{\rho})\psi_{00}(\vec{\lambda})\Big)$$

$$(\Psi_{20})_{M,S} = \frac{1}{\sqrt{2}}\Big(\psi_{00}(\vec{\rho})\psi_{10}(\vec{\lambda}) - \psi_{10}(\vec{\rho})\psi_{00}(\vec{\lambda})\Big)$$

$$(\Psi_{20})_{M,A} = \Big(- \psi_{01}(\vec{\rho})\psi_{01}(\vec{\lambda})\Big)^{L=0}$$

$$(\Psi_{21})_A \;\;= \Big(\psi_{01}(\vec{\rho})\psi_{01}(\vec{\lambda})\Big)^{L=1}$$

$$(\Psi_{22})_S \;\;= \frac{1}{\sqrt{2}}\Big(\psi_{02}(\vec{\rho})\psi_{00}(\vec{\lambda}) + \psi_{00}(\vec{\rho})\psi_{02}(\vec{\lambda})\Big)$$

$$(\Psi_{22})_{M,S} = \frac{1}{\sqrt{2}}\Big(\psi_{02}(\vec{\rho})\psi_{00}(\vec{\lambda}) - \psi_{00}(\vec{\rho})\psi_{02}(\vec{\lambda})\Big)$$

$$(\Psi_{22})_{M,A} = \Big(\psi_{01}(\vec{\rho})\psi_{01}(\vec{\lambda})\Big)^{L=2}$$

Die Ortsraumwellenfunktionen werden analog zu den Fällen $N = 0$ und $N = 1$ mit passenden Flavour-Spin-Zuständen kombiniert, sodass die Wellenfunktion des Baryons antisymmetrisch unter der Vertauschung zweier Quarks ist. Die antisymmetrische Ortsraumfunktion $(\Psi_{21})_A$ wird durch Kombination mit den Flavour-Spin-Zuständen des antisymmetrischen 20plets der Gruppe SU(6)

$$\underbrace{|20_A\rangle \otimes (\Psi_{21})_A}_{\text{symmetrisch}}$$

zu einer vollständig symmetrischen Flavour-Spin-Ortsraumwellenfunktion. Wird diese mit der vollständig antisymmetrischen Wellenfunktion des Farbraums multipliziert, ist das Produkt wie erforderlich ebenfalls vollständig antisymmetrisch[5].

---

[5] Es wäre theoretisch auch möglich eine antisymmetrische Gesamtwellenfunktion zu konstruieren, ohne, dass die Farbwellenfunktion antisymmetrisch ist. Dies zeigt, dass die Forderung nach einem Farbsingulett ein zusätzliches Postulat über das Pauli-Prinzip hinaus ist.

9.2.2 Berücksichtigung der Spin-Spin-Wechselwirkung

Der Hamilton-Operator H aus dem vorherigen Abschnitt ist sowohl unabhängig vom Flavour als auch vom Spin der einzelnen Quarks. Er besitzt somit eine SU(6) × SU(6) × SU(6)-Symmetrie. Weiter sind die Energien eines Anregungszustandes in diesem Modell alle gleich, insbesondere sollten also die Hadronen des Baryonendekupletts und Baryonenoktetts alle ähnliche Massen aufweisen. Die experimentellen Befunde zeigen hingegen zwei andere Beobachtungen:

1. Innerhalb eines Multipletts besitzen Hadronen mit einer größeren Hyperladung eine geringere Masse.
2. Die Baryonen des Oktetts mit Spin $\frac{1}{2}$ besitzen eine geringere Masse als die des Dekupletts mit Spin $\frac{3}{2}$ (siehe Abbildungen 5.1 und A.2). (Gleiches gilt auch für die Mesonen des Oktetts mit Spin 0 und die des Oktetts mit Spin 1 (siehe Abbildungen A.1 und A.3).)

Die erste Beobachtung lässt sich so erklären, dass in dem zuvor beschriebenen Modell die Konstituentenquarkmassen der drei leichten Quarks als gleich angenommen wurden. In Wirklichkeit ist das Strange-Quark mit $m_S \approx 500$ MeV aber etwas schwerer als das Up- und das Downquark mit $m_{u,d} \approx 340$ MeV [Clo79]. Da die Hyperladung eines Baryons mit der Anzahl an Strange-Quarks kleiner wird, können somit die Massendifferenzen zu unterschiedlichen Hyperladungen innerhalb eines Multipletts erklärt werden. Die zweite Beobachtung erklärt sich dadurch, dass wir im vorherigen Modell angenommen haben, dass die starke Wechselwirkung spinunabhängig ist. Dies ist aber nicht der Fall: Von der elektromagnetischen Wechselwirkung wissen wir, dass die Spins der beteiligten geladenen Teilchen miteinander wechselwirken, nämlich im Rahmen einer sogenannten *Hyperfeinwechselwirkung* zwischen den magnetischen Momenten. Damit wird beispielsweise die Hyperfeinstruktur des Wasserstoffatoms beschrieben. 1975 beschrieben Alvaro De Rújala *et al.* in Analogie eine Hyperfeinwechselwirkung der starken Kraft durch ein Ein-Gluon-Austauschpotenzial [DRG+75]. Der spinabhängige Teil zwischen zwei Quarks i und j in einem Baryon ist dann durch

$$V_{hf}^{ij} = \frac{2\alpha_S}{3m_i m_j} \left[\frac{8\pi}{3} \vec{S}(i) \cdot \vec{S}(j)\delta^3(\vec{r}_{ij}) + \frac{1}{\vec{r}_{ij}^3} \left(\frac{3(\vec{S}(i) \cdot \vec{r}_{ij})(\vec{S}(j) \cdot \vec{r}_{ij})}{r_{ij}^2} - \vec{S}(i) \cdot \vec{S}(j) \right) \right]$$

gegeben, wobei $\vec{r}_{ij} := \vec{r}(i) - \vec{r}(j)$ und α_s für die effektive Quark-Gluonen-Kopplungskonstante steht (analog zur Feinstrukturkonstante $\alpha = \frac{1}{137}$). Durch das Hinzuziehen dieser Wechselwirkung wird die Entartung der Energien zwischen dem Baryonenoktett mit Spin $\frac{1}{2}$ und dem Baryonendekuplett mit Spin $\frac{3}{2}$ aufgehoben. Wir widmen uns einem einfachen Beispiel, um dies besser zu verstehen.

Beispiel 9.2.1
Wir betrachten den Hamilton-Operator

$$H = \underbrace{a\left(\vec{S}^2(1) + \vec{S}^2(2)\right)}_{=:H_0} + \underbrace{2b\vec{S}(1) \cdot \vec{S}(2)}_{=:H_1}$$

für zwei Spin-$\frac{1}{2}$-Teilchen mit $0 < b \ll a$. H_0 ist invariant bezüglich $SU(2) \times SU(2)$ und H_1 ist invariant bezüglich $SU(2)$. Wir wollen die Energieeigenzustände mit zugehörigen Energieeigenwerten für H_0 und für $H = H_0 + H_1$ bestimmen. In Beispiel 6.4.1 haben wir gesehen, dass zwei Teilchen mit Spin $S = \frac{1}{2}$ gemäß

$$\frac{1}{2} \otimes \frac{1}{2} = 1 \oplus 0$$

koppeln. Wir haben also die Eigenzustände $|S, S_z\rangle$ mit $S = 0, 1$ und $S_z = -S, \ldots, S$. Wir wissen weiter, dass

$$\vec{S}^2(1) \mid S, S_z\rangle = \vec{S}^2(2) \mid S, S_z\rangle = \frac{1}{2}\left(\frac{1}{2} + 1\right) \mid S, S_z\rangle = \frac{3}{4} \mid S, S_z\rangle$$

und

$$\vec{S}^2 \mid S, S_z\rangle = S(S + 1) \mid S, S_z\rangle.$$

Mit

$$\vec{S}^2 = (\vec{S}(1) + \vec{S}(2))^2 = \vec{S}^2(1) + 2\vec{S}(1) \cdot \vec{S}^2(2) + \vec{S}^2(2)$$

folgt, dass

$$2\vec{S}(1) \cdot \vec{S}(2) \mid S, S_z\rangle = \begin{cases} \left(0 - \frac{3}{4} - \frac{3}{4}\right) \mid S, S_z\rangle = -\frac{3}{2} \mid S, S_z\rangle, & \text{für } S = 0 \\ \left(2 - \frac{3}{4} - \frac{3}{4}\right) \mid S, S_z\rangle = \frac{1}{2} \mid S, S_z\rangle, & \text{für } S = 1. \end{cases}$$

Jetzt können wir die Energieeigenwerte für H_0 und H berechnen. Es ist

$$H_0 \mid S, S_z\rangle = a\left(\vec{S}^2(1) + \vec{S}^2(2)\right) \mid S, S_z\rangle = a\left(\frac{3}{4} + \frac{3}{4}\right) \mid S, S_z\rangle = \frac{3}{2}a \mid S, S_z\rangle$$

$$H \mid S, S_z\rangle = \frac{3}{2}a + 2b\vec{S}(1) \cdot \vec{S}(2) \mid S, S_z\rangle = \begin{cases} \left(\frac{3}{2}a - \frac{3}{2}b\right) \mid S, S_z\rangle, & \text{für } S = 0 \\ \left(\frac{3}{2}a + \frac{1}{2}b\right) \mid S, S_z\rangle, & \text{für } S = 1. \end{cases}$$

Wir sehen also, wie durch das Hinzufügen einer zusätzlichen Spin-Spin-Wechselwirkung die Entartung der Energieeigenwerte aufgehoben werden kann.

Genau wie in dem obigen Beispiel sorgt das Hinzuziehen der Hyperfeinwechselwirkung im nichtrelativistischen Quarkmodell dafür, dass die Entartung der Energieeigenwerte der Baryonen mit Spin $\frac{1}{2}$ und Spin $\frac{3}{2}$ aufgehoben wird.

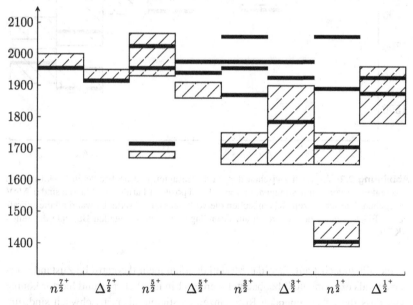

Abbildung 9.1 Vergleich zwischen dem vorhergesagten und beobachteten Spektrum von angeregten Baryonen mit Strangeness $S = 0$ und positiver Parität. Die Massen sind in MeV angegeben. Die schwarzen Balken stellen die vorhergesagten Werte da, während die schraffierten Flächen den Energiebereich auf Grundlage der experimentellen Befunde darstellen [IK79].

Nathan Isgur[6] und Gabriel Karl haben Ende der Siebzigerjahre den zuvor beschriebenen Ansatz gewählt, um das Spektrum der aus den drei leichten Quarks bestehenden Baryonen zu bestimmen ([IK78, IK79]). Die Abbildungen 9.1 und 9.2 vergleichen die theoretisch vorhergesagten Energien mit den experimentellen Messungen für die Baryonen mit Strangeness $S = 0$ und $S = 1$.

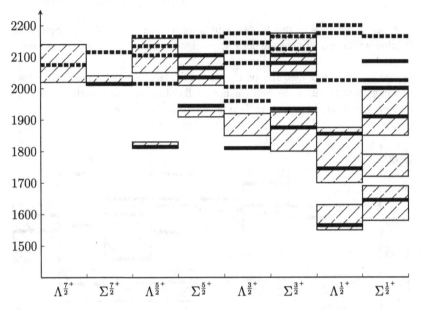

Abbildung 9.2 Vergleich zwischen dem vorhergesagten und beobachteten Spektrum von angeregten Baryonen mit Strangeness $S = -1$ und positiver Parität. Die Massen sind in MeV angegeben. Die schwarzen Balken stellen die vorhergesagten Werte da, während die schraffierten Flächen den Energiebereich auf Grundlage der experimentellen Befunde darstellen [IK79].

Es fällt zunächst auf, dass das Modell deutlich mehr theoretische Zustände vorhersagt, als experimentell beobachtet werden. Ein möglicher Grund hierfür könnte sein, dass die entsprechenden Resonanzen existieren, aber zu schwach sind, um experimentell gemessen zu werden. Eine zweite Möglichkeit liegt darin, dass das Modell nicht die richtige Anzahl an Freiheitsgraden repräsentiert, sodass bei den theoretischen Berechnungen zusätzliche Zustände entstehen [Ji07]. Betrachten wir

---

[6] kanadisch-US-amerikanischer Physiker [1947–2001]

jeweils die niedrigsten ein oder zwei Resonanzen, so stellen wir fest, dass das Modell die entsprechenden Energien mit angemessener Genauigkeit erfolgreich vorhersagt. Weiterführende Betrachtungen zum nichtrelativistischen Quarkmodell befinden sich bei [Bha88] und [Gia91].

9.3 Ausblick

Ohne dies weiter zu begründen haben wir im letzten Abschnitt ein Quarkmodell betrachtet, das keine relativistischen Effekte berücksichtigt. Wir wollen nun die Geschwindigkeit der Quarks abschätzen, um zu entscheiden, ob ausschlaggebende relativistische Effekte auftreten. Hierzu betrachten wir das Proton, welches einen Ladungsradius von ungefähr

$$r_p \approx 10^{-15} \, \text{m} = 1 \, \text{fm}$$

besitzt [T+18]. Folglich kennen wir auch den Ort der zwei Up- und des Down-Quarks auf einen Femtometer genau. Mit der Heisenberg'schen Unschärferelation können wir grob die Geschwindigkeit der Quarks abschätzen. Es ist

$$p \approx \frac{\hbar}{x}.$$

$$\Rightarrow \quad v \approx \frac{\hbar}{m_q x}.$$

Setzen wir für die Masse der Quarks die Konstituentenquarkmasse $m_q \approx 340 \, \text{MeV}$ und für $x = 1 \, \text{fm}$ ein, so ist

$$v \approx 0.6 \, c.$$

Die Quarks bewegen sich also schnell genug, sodass relativistische Effekte auftreten. Diese werden im zuvor beschriebenen Modell, wie es der Name schon sagt, nicht berücksichtigt. Hinzu kommt, dass der harmonische Oszillator nur aufgrund seiner mathematischen Einfachheit als Ansatz für das Potenzial der Quarks gewählt wurde und nicht wegen physikalischer Gegebenheiten. Einen anderen Ansatz verfolgt das sogenannte MIT-Bag-Model, welches Mitte der Siebzigerjahre von mehreren Physikern am MIT[7] entwickelt wurde [Joh75]. Es berücksichtigt sowohl das Confinement der Quarks in den Hadronen als auch die relativistische Natur der Quarks. Das Gebiet, in welchem sich die Quarks aufhalten dürfen, wird als „Bag" (englisch für Tasche) bezeichnet, woraus sich der Name ableitet. Auf diesem Modell aufbauend schlugen Anthony William Thomas[8] *et al.* das Cloudy-Bag-Model vor, in welchem ein Baryon als Bag mit drei Quarks angesehen wird, welche von einer Wolke aus Pionen umgeben ist [TT+81, Tho84]. Weitere Betrachtungen im relativistischen Quarkmodell befinden sich bei [LM+01a, LM+01b].

---

[7] Massachusetts Institute of Technology
[8] Australischer Physiker [1949]

Fazit 10

Abschließend wollen wir die wichtigsten Erkenntnisse der zurückliegenden Kapitel aufgreifen und zusammenfassen. Nach einer kurzen Einführung in die Gruppentheorie haben wir in Kapitel 2 Lie-Gruppen kennengelernt, welche eine wichtige Rolle bei der Beschreibung von Symmetrien in der Teilchenphysik spielen. Zu jeder Lie-Gruppe haben wir mit Hilfe von linksinvarianten Vektorfeldern eine zugehörige Lie-Algebra konstruiert, welche wir wiederum mit dem Tangentialraum am Eins-element der Lie-Gruppe identifizieren konnten. Umgekehrt haben wir gesehen, dass eine kompakte zusammenhängende Lie-Gruppe mit Hilfe der Exponentialabbildung vollständig durch die zugehörige Lie-Algebra erzeugt wird. Nur deshalb konnten wir im zweiten Teil der Arbeit die Suche nach irreduziblen Darstellungen der Gruppe $SU(n)$ auf die Suche nach irreduziblen Darstellungen der Algebra $\mathfrak{su}(n)$ zurückführen. Die hierzu notwendigen Grundlagen der Darstellungstheorie wurden in Kapitel 3 erarbeitet. Der Fokus lag hierbei auf der Zerlegbarkeit von Darstellungen in eine Summe irreduzibler Darstellungen mit dem Ergebnis, dass es für Darstellungen der im zweiten Teil so wichtigen Gruppe $SU(n)$ auf einem unitären Vektorraum immer eine solche Zerlegung gibt. Das folgende Kapitel 4 hatte zum Ziel, die innere Tensorproduktdarstellung der Gruppe $SU(n)$ auf einem n-fachen Tensorproduktraum in irreduzible Darstellungen zu zerlegen. Hierzu musste weit ausgeholt werden. Mit Hilfe von Young-Diagrammen und Idempotenten wurden die irreduziblen Darstellungen der Symmetrischen Gruppe S_n bestimmt. Auf dem n-fachen Tensorprodukt konstruierten wir mit diesem Wissen Young-Operatoren, welche uns schließlich zu der gewünschten Zerlegung führten. Als Ergebnis folgte, dass die Frage nach einer Zerlegung in irreduzible Darstellungen auf dem Tensorprodukt gleichzeitig eine Frage nach Symmetrieeigenschaften bezüglich der Vertauschung von Indizes ist. Dies spielte später eine wichtige Rolle, nämlich jedesmal wenn wir Zustände von Baryonen konstruierten.

© Der/die Autor(en), exklusiv lizenziert durch Springer Fachmedien Wiesbaden GmbH, ein Teil von Springer Nature 2022
J. Schaeffer, *SU(n), Darstellungstheorie und deren Anwendung im Quarkmodell*, BestMasters, https://doi.org/10.1007/978-3-658-36073-3_10

Der zweite Teil begann mit einem Überblick über die historische Entwicklung
der Teilchenphysik im zwanzigsten Jahrhundert. Hierbei wurde skizziert, auf welcher Grundlage Gell-Mann und Zweig in den 60er Jahren die Existenz von Quarks
postulierten. Im Anschluss verschafften wir uns einen kurzen Überblick über wichtige Begriffe und Eigenschaften des Quarkmodells, welche uns als Grundlage für
die folgenden Kapitel dienten. In Kapitel 6 diskutierten wir ausführlich die Gruppe
SU(2) in Bezug auf den Spin der Quarks. Hierbei griffen wir auf die mathematischen Erkenntnisse des ersten Teils zurück. Wir konstruierten mögliche Spinzustände der Hadronen und erkannten entsprechende Symmetrien bezüglich der
Vertauschung zweier Quarks. In Kapitel 7 diskutierten wir auf ähnliche Weise wie
im vorherigen Kapitel die Gruppe SU(3) als Symmetriegruppe des Flavours der
Quarks. Die Diskussion der Produktdarstellungen zur Konstruktion von Mesonen
und Baryonen und deren Zerlegung in eine direkte Summe irreduzibler Darstellungen brachte uns schließlich die Antwort auf die Frage, wieso die experimentell
bestimmten Hadronen in den entsprechenden Multipletts vorkommen. Nach einer
kurzen Betrachtung der Gruppe SU(3) als Symmetriegruppe der Farbe der Quarks
kombinierten wir im folgenden Kapitel 8 die Erkenntnisse der beiden vorherigen
Kapitel, wodurch mit Hilfe der Gruppe SU(6) schließlich die Hadronenmultipletts
genau identifiziert werden konnten. Im letzten Kapitel 9 wurden die zuvor betrachteten Flavour-Spinzustände verwendet, um beispielhaft Observablen im Quarkmodell zu berechnen. Im Anschluss wurde als einfachstes Modell, mit welchem auch
angeregte Zustände von Baryonen bestimmt werden können, das nichtrelativistische Quarkmodell betrachtet. In diesem wurden für die einzelnen Quarks harmonische Oszillatorpotenziale angenommen. Durch das Hinzuziehen einer weiteren
spinabhängigen Wechselwirkung konnten wir die Entartung der Energien zwischen
dem Baryonendekuplett mit Spin $\frac{3}{2}$ und dem Baryonenoktett mit Spin $\frac{1}{2}$ aufheben.
Als Ausblick haben wir betrachtet, dass es sinnvoll sein kann, auch relativistische
Effekte zu berücksichtigen. Auf entsprechende Modelle wurde mit Literaturangaben
verwiesen.

Abschließend lässt sich sagen, dass das Besondere dieser Arbeit die Kombination
der beiden Teile ist. In der Regel werden in der Physikliteratur die zugrundeliegenden mathematischen Konzepte nur knapp betrachtet und wichtige Sätze lediglich
mit dem Verweis auf entsprechende Literatur zitiert. Umgekehrt kümmert sich die
Mathematik wenig um die Realisierung ihrer Konzepte in der Natur. Diese Arbeit
stellt einen Versuch dar, sowohl der Mathematik als auch der Physik gerecht zu
werden. Ob diese Kombination zu einem besseren Verständnis der Thematik führt,
muss am Ende jede Leserin und jeder Leser selbst beurteilen.

Literaturverzeichnis

[Abb16]   ABBAS, S. A.: *Group Theory in Particle, Nuclear, and Hadron Physics*. CRC Press, 2016

[Bak02]   BAKER, A.: *Matrix groups: an introduction to Lie group theory*. London [u. a.] : Springer, 2002

[BC+64]   BARNES, V. E. ; CONNOLLY, P. L. u. a.: Observation of a Hyperon with Strangeness Minus Three. In: *Phys. Rev. Lett.* 12 (1964), S. 204–206

[BD85]   BRÖCKER, T.; DIECK, T. T.: *Representations of compact Lie groups*. New York, NY [u. a.]: Springer, 1985

[Bha88]   BHADURI, R. K.: *Models of the nucleon: from quarks to soliton*. Addison-Wesley, Advanced Book Program, 1988 (Lecture notes and supplements in physics)

[BL+64]   BEG, M. A. B. ; LEE, B. W. u. a.: SU(6) and electromagnetic interactions. In: *Phys. Rev. Lett.* 13 (1964), S. 514–517

[Bor17]   BORGHINI, N.: *Theoretische Physik II – Spezielle Relativitätstheorie & Quantenmechanik*. Vorlesungsskript: Universität Bielefeld, 2017.

[Clo79]   CLOSE, F.: *An introduction to quarks and partons*. London [u. a.]: Acad. Press, 1979

[Clo86]   CLOSE, F.: *The cosmic onion: quarks and the nature of the universe*. London: Heinemann, 1986.

[Coh19]   COHEN- TANNOUDJI, C.; DIU, B. (Hrsg.); LALOË, F. (Hrsg.): *De Gruyter Studium*. Bd. Band 2: *Quantenmechanik*. 5. Auflage. Berlin: De Gruyter, [2019]

[Cor97]   CORNWELL, J. F.: *Group theory in physics: an introduction*. San Diego [u. a.]: Acad. Press [u. a.], 1997

[Dos05]   DOSCH, H. G.: *Jenseits der Nanowelt: Leptonen, Quarks und Eichbosonen*. Berlin [u. a.]: Springer, 2005

[DRG+75] DE RUJULA, A.; GEORGI, HOWARD u. a.: Hadron Masses in a Gauge Theory. In: *Phys. Rev. D* 12 (1975), S. 147–162

[Edm74]   EDMONDS, A. R.: *Angular momentum in quantum mechanics*. 3. print. Princeton, N.J.: Univ. Press, 1974 (Investigations in physics; 4)

[FH04]   FULTON, W.; HARRIS, J.: *Representation theory: a first course*. New York, NY: Springer, 2004.

[Fin15]   FINGER, S.: *SU(3) und das Quarkmodell*. Seminarvortrag, Münster: Institut für Theoretische Physik, 2015.

[Fri85]   FRITZSCH, H.: *Quarks: Urstoff unserer Welt*. 9. Aufl. München [u. a.]: Piper, 1985

© Der/die Herausgeber bzw. der/die Autor(en), exklusiv lizenziert durch Springer Fachmedien Wiesbaden GmbH, ein Teil von Springer Nature 2022
J. Schaeffer, *SU(n), Darstellungstheorie und deren Anwendung im Quarkmodell*, BestMasters, https://doi.org/10.1007/978-3-658-36073-3

[Ful99] FULTON, W.: *Young tableaux: with applications to representation theory and geometry*. Cambridge [u. a.]: Cambridge Univ. Press, 1999

[Gel53] GELL- MANN, M.: Isotopic Spin and New Unstable Particles. In: *Phys. Rev. 92* (1953), S. 833–834.

[Gel61] GELL- MANN, M.: The Eightfold Way: A Theory of strong interaction symmetry. Pasadena, CA: California Inst. of Tech., Synchrotron Laboratory (1961).

[Gel64] GELL- MANN, M.: A Schematic Model of Baryons and Mesons. In: *Phys. Lett. 8* (1964), S. 214–215.

[Geo82] GEORGI, H.: *Lie algebras in particle physics: from isospin to unified theories*. Redwood City, Calif. [u. a.]: Addison-Wesley, 1982 (Frontiers in physics; 54)

[Gia91] GIANNINI, M. M.: Electromagnetic excitations in the constituent quark model. In: *Reports on Progress in Physics 54* (1991), Nr. 3, S. 453–529

[GM94] GREINER, W.; MÜLLER, B.: *Theoretical physics: text and exercise books: Quantum mechanics: symmetries*. Bd. 2. Quantum mechanics: symmetries. 2., rev. ed. Berlin [u. a.]: Springer, 1994

[GN64] GELL- MANN, M.; NE'EMAN, Y.: The Eightfold way: a review with a collection of reprints. (1964)

[Gol10] GOLDHORN, K; HEINZ, H (Hrsg.); KRAUS, M (Hrsg.): *Moderne mathematische Methoden der Physik: Band 2: Operator- und Spektraltheorie – Gruppen und Darstellungen*. Berlin, Heidelberg: Springer, 2010

[GP+12] GALINDO, A.; PASCUAL, P. u. a.: *Quantum Mechanics I*. Berlin, Heidelberg: Springer, 2012

[Gre64] GREENBERG, O. W.: Spin and Unitary-Spin Independence in a Paraquark Model of Baryons and Mesons. In: *Phys. Rev. Lett. 13* (1964), S. 598–602.

[Gre11] GREENSITE, J.: *An introduction to the confinement problem*. Heidelberg [u. a.]: Springer, 2011

[Hal84] HALZEN, A. D. F.; MARTIN M. F. ; Martin: *Quarks and leptons: an introductory course in modern particle physics*. New York [u. a.]: Wiley, 1984

[Ham17] HAMILTON, M. J. D.: *Mathematical Gauge Theory: with applications to the Standard Model of particle physics*. Cham: Springer, 2017.

[Hei32] HEISENBERG, W.: Über den Bau der Atomkerne. I. In: *Zeitschrift für Physik 77* (1932), Nr. 1, S. 1–11

[Hei90] HEIN, W.: *Einführung in die Struktur- und Darstellungstheorie der klassischen Gruppen*. Berlin [u. a.]: Springer, 1990

[HN65] HAN, M. Y.; NAMBU, Y.: Three-Triplet Model with Double SU(3) Symmetry. In: *Phys. Rev. 139* (1965), S. B1006–B1010.

[IK78] ISGUR, N.; KARL, G.: *P*-wave baryons in the quark model. In: *Phys. Rev. D 18* (1978), S. 4187–4205.

[IK79] ISGUR, N.; KARL, G.: Positive-parity excited baryons in a quark model with hyperfine interactions. In: *Phys. Rev. D 19* (1979), S. 2653–2677.

[Jac92] JACOB, M.: *The quark structure of matter*. Singapore [u. a.]: World Scientific Publ., 1992 (World scientific lecture notes in physics; 50)

[Jam01] JAMES, G. D.; LIEBECK, M. W. (Hrsg.): *Representations and characters of groups*. Cambridge: Cambridge University Press, 2001.

[Jan14] JANTZEN, J. C.; SCHWERMER, J. (Hrsg.): *Algebra*. Berlin, Heidelberg: Springer, 2014.

[Jee15] JEEVANJEE, N. [.: *An introduction to tensors and group theory for physicists*. Second edition. Cham, [2015]

[Ji07] JI, X.: *Quarks, Nuclei and the Cosmos: A Modern Introduction to Nuclear Physics*. Lecture Notes: University of Maryland, 2007.

[Joh75] JOHNSON, K.: The M.I.T. Bag Model. In: *Acta Phys. Polon. B* 6 (1975), S. 865

[Köh19] KÖHLER, K.: *Differentialgeometrie und homogene Räume*. Berlin, Heidelberg: Springer, 2019.

[Küh11] KÜHNEL, W.: *Matrizen und Lie-Gruppen: Eine geometrische Einführung*. Wiesbaden: Vieweg+Teubner Verlag, 2011.

[Lin84] LINDNER, A.: *Drehimpulse in der Quantenmechanik*. Stuttgart: Teubner, 1984 (Teubner-Studienbücher. Physik)

[LM+47] LATTES, C. M. G. ; MUIRHEAD, H. u. a.: Processes involving charged mesons. In: *Nature* 159 (1947), Nr. 4047, S. 694–697

[LM+01a] LORING, U.; METSCH, B. C. u. a.: The Light baryon spectrum in a relativistic quark model with instanton induced quark forces: The Nonstrange baryon spectrum and ground states. In: *Eur. Phys. J. A* 10 (2001), S. 395–446

[LM+01b] LORING, U.; METSCH, B. C. u. a.: The Light baryon spectrum in a relativistic quark model with instanton induced quark forces: The Strange baryon spectrum. In: *Eur. Phys. J. A* 10 (2001), S. 447–486

[Mil72] MILLER, W.: *Symmetry groups and their applications*. New York: Academic Press, 1972.

[Ne'61] NE'EMAN, Y.: Derivation of strong interactions from a gauge invariance. In: *Nucl. Phys.* 26 (1961), S. 222–229.

[NN53] NAKANO, T.; NISHIJIMA, K.: Charge Independence for V-particles. In: *Prog. Theor. Phys.* 10 (1953), S. 581–582.

[Oku65] OKUN, L. B.: *Weak interaction of elementary particles*. Oxford [u. a.]: Pergamon Press, 1965

[PR+13] POVH, B.; RITH, K. u. a.: *Teilchen und Kerne: Eine Einführung in die physikalischen Konzepte*. Springer Berlin Heidelberg, 2013 (Springer-Lehrbuch)

[Sag01] SAGAN, B. E.: *The symmetric group: representations, combinatorial algorithms, and symmetric functions*. New York [u. a.]: Springer, 2001

[Sch10] SCHERER, S.: *Theoretische Physik für Lehramtskandidaten. Mechanik, Spezielle Relativitärstheorie, Elektrodynamik und Quantenmechanik*. Vorlesungsskript: JGU-Mainz, 2010

[Sch16] SCHERER, S.: *Symmetrien und Gruppen in der Teilchenphysik*. Berlin: Springer Spektrum, [2016].

[Sch17] SCHWICHTENBERG, J: *Durch Symmetrie die moderne Physik verstehen: Ein neuer Zugang zu den fundamentalen Theorien*. Berlin, Heidelberg: Springer, 2017.

[Sep07] SEPANSKI, M. R.: *Compact Lie groups*. New York, NY: Springer, 2007.

[T+18] TANABASHI, M. u. a.: Review of Particle Physics. In: *Phys. Rev. D* 98 (2018)

[Tho84] THOMAS, A. W.: Chiral symmetry and the bag model. In: *Nucl. Phys. A* 416 (1984), S. 69–86.

[Tho13] THOMSON, M.: *Modern particle physics*. Cambridge [u. a.]: Cambridge Univ. Press, 2013

[TT+81] THOMAS, A. W.; THÉBERGE, S. u. a.: Cloudy bag model of the nucleon. In: *Phys. Rev. D* 24 (1981), S. 216–229

[Tun85] TUNG, W.: *Group theory in physics: an introduction to symmetry principles, group representations, and special functions in classical and quantum physics.* Singapore [u. a.]: World Scientific Publ., 1985

[Wip19] WIPF, A.: *Symmetrien in der Physik.* 10. Auflage. Theoretisch-Physikalisches-Institut Jena, 2019

[Yuk35] YUKAWA, H.: On the Interaction of Elementary Particles. I. In: *Proceedings of the Physico-Mathematical Society of Japan. 3rd Series* 17 (1935), S. 48–57

[Zwe64] ZWEIG, G.: An SU(3) model for strong interaction symmetry and its breaking. Version 1. Preprint CERN-TH-401 (1964)

Printed in the United States
by Baker & Taylor Publisher Services